普通高等教育风能与动力工程专业系列教材

中国可再生能源规模化发展项目资助

风力发电原理

主编　徐大平　柳亦兵　吕跃刚

参编　陈　雷　杨锡运　肖运启　高　峰

机 械 工 业 出 版 社

风力发电是一种最具开发潜力的清洁可再生能源利用方式，作为风能与动力工程专业系列教材之一，编写本书的目的是使学生掌握风力发电的基本原理，了解主流风力发电机组设备。

全书共分7章，内容主要包括风力发电技术的基本概况、风能资源与转换原理、风力发电机组设备与结构、风力发电机组检测与控制等内容。对离网风力发电系统及储能技术也做了简要介绍。

由于风力发电技术涉及多学科内容，为适应不同专业知识背景的读者，本书力求理论联系实际，内容通俗易懂。本书可供风能与动力工程等相关专业师生选用，也可供从事风力发电领域相关工作的工程技术人员参考。

图书在版编目（CIP）数据

风力发电原理/徐大平等主编. —北京：机械工业出版社，2011.8（2024.6重印）
普通高等教育风能与动力工程专业系列教材
ISBN 978-7-111-35345-4

Ⅰ.①风…　Ⅱ.①徐…　Ⅲ.①风力发电-高等学校-教材　Ⅳ.① TM614

中国版本图书馆 CIP 数据核字（2011）第 138902 号

机械工业出版社（北京市百万庄大街22号　邮政编码100037）
策划编辑：王雅新　责任编辑：王雅新
版式设计：张世琴　责任校对：程俊巧
封面设计：张　静　责任印制：常天培
固安县铭成印刷有限公司印刷
2024 年 6 月第 1 版·第 12 次印刷
184mm×260mm·11.75 印张·285 千字
标准书号：ISBN 978-7-111-35345-4
定价：35.00 元

电话服务　　　　　　　　网络服务
客服电话：010-88361066　机　工　官　网：www.cmpbook.com
　　　　　010-88379833　机　工　官　博：weibo.com/cmp1952
　　　　　010-68326294　金　书　网：www.golden-book.com
封底无防伪标均为盗版　机工教育服务网：www.cmpedu.com

普通高等教育风能与动力工程专业
系列教材编审委员会

序

开发利用风能是增加能源供应、调整能源结构、保障能源安全、减排温室气体、保护生态环境和构建和谐社会的一项重要措施，对于建设资源节约型和环境友好型社会，实现中国经济、社会可持续发展具有重要促进作用。目前，风力发电是风能利用的最主要方式。自 2006 年《中国可再生能源法》实施以来，我国风电连续多年保持快速增长，2010 年成为全球风电新增和累计装机容量最多的国家，在短时间内步入世界风电大国行列。

随着我国风力发电产业的规模化发展和风能利用技术的不断进步，风力发电专业人才的培养显得越来越重要。2006 年，教育部批准在华北电力大学设置了国内第一个"风能与动力工程"专业，之后国内多所高等院校也陆续设置了该专业。由于"风能与动力工程"专业是新专业，因此，其专业课程设置、教材建设和教学方法研究都需要一个探索和实践的过程。在中国政府/世界银行/全球环境基金—中国可再生能源规模化发展项目（CRESP）风电技术人才培养子赠款项目和中国—丹麦风能发展项目（WED）资助下，2008 年成立了"风能与动力工程"本科专业教材编审委员会，开始组织编写"风力发电原理"、"风力机空气动力学"、"风力发电机组设计与制造"、"风力发电机组监测与控制"、"风力发电场"和"风电场电气工程"六部必修课教材。

风力发电是一个跨学科的专业，涉及许多学科领域。在专业教材编写时，从专业人才培养目标出发，除了要掌握专业基础知识外，还要掌握风能领域中的专业知识。教材初稿经过在华北电力大学本科学生的试用后，又对内容进行了修改和补充，形成了现在的第一版系列教材。随着我国从"风电大国"向"风电强国"，从"中国制造"向"中国创造"，从"国内市场"向"国际市场"的转变，我国风力发电产业将进入一个新的发展阶段，教材内容也需要不断补充和更新。编审委员会将会根据新的需求，结合教学实践对此系列教材不断进行完善。

在本教材编写和出版过程中，得到了中国可再生能源学会风能专业委员会、华北电力大学和机械工业出版社的具体指导，各书编审人员付出了辛勤的劳动，许多专家为本教材提供资料并审阅书稿，在此一并向他们表示衷心的感谢。

本教材除了用于高等院校"风能与动力工程"专业教材外，也可作为从事风电专业科技工作人员的参考书。

"风能与动力工程"专业教材编审委员会

二〇一一年六月

前　　言

　　能源是人类赖以生存、社会经济赖以发展的重要物质基础。自第一次工业革命以来，社会生产力飞速发展，同时，能源消耗也急剧增加。目前，人类主要依靠煤炭、石油等化石能源，这种能源利用方式，一方面面临化石能源逐渐枯竭的严重问题，另一方面也对人类和地球生物赖以生存的环境造成很大破坏。为了满足人类生存的需要，保持社会经济的可持续发展，能源节约和清洁可再生能源的开发和利用越来越受到关注。风能是目前最具规模化开发利用条件的清洁、可再生能源之一，风力发电是风能利用的最主要方式。近年来，风力发电技术迅速发展，世界范围内的风电装机容量也快速增加。目前我国已成为世界上风力发电发展最快的国家。

　　编写本书的目的是使广大读者了解风力发电的技术现状和发展趋势，掌握风力发电的基本原理。由于风力发电技术涉及多学科内容，为适应不同专业知识背景的读者，本书力求讲清最基本的概念和原理，尽量减少烦琐的数学推导。鉴于风力发电技术的不断发展，新方法和新型设备不断出现，本书重点围绕目前主流的并网风力发电系统展开，对风力发电领域其他的相关技术和设备只做简要介绍。本书既可以作为高等院校"风能与动力工程"专业和其他相近专业的教材，也可供从事风力发电领域相关工作的工程技术人员参考。

　　本书是在历年讲稿和校内教材的基础上，经过多次修改完成。全书共7章，其中第1章介绍风力发电技术的相关背景；第2章介绍风的特性及风能转换基本原理；第3~5章主要结合大型水平轴并网风力发电机组，介绍风力发电机组设备、风力发电机以及风力发电机组运行控制的相关知识；对垂直轴风力发电机组、小型离网型机组的相关内容，分别在第6章和第7章做单独介绍。

　　本书第1章由徐大平、吕跃刚编写，第2章由陈雷、高峰编写，第3章由柳亦兵编写，第4章由杨锡运、肖运启编写，第5章由吕跃刚、肖运启编写，第6章由高峰编写，第7章由徐大平编写。博士研究生刘吉宏、范晓旭也参加了部分内容的文字整理工作。中国可再生能源学会风能专委会贺德馨教授对全书进行了审阅。

　　本书在编写过程中，参考了国内外有关文献资料，在此谨向相关文献资料的作者表示诚挚的谢意。

　　由于编者水平所限，书中难免有不妥和疏漏之处，恳请广大读者批评指正。

编　者

目　　录

前言

第1章　绪论 ……………………… 1

1.1　风能利用及风力发电历史 ……… 2

1.2　中国风能资源与开发前景 ……… 4

　1.2.1　风能特点 ……………………… 4

　1.2.2　我国风能资源分布特点及
　　　　　开发前景 ……………………… 5

　1.2.3　风电发展概况 ………………… 7

1.3　风力发电技术现状与发展 ……… 8

　1.3.1　风力发电机组的类型 ………… 8

　1.3.2　大型水平轴并网风电机组的
　　　　　基本结构 …………………… 10

　1.3.3　风力发电技术的发展状况 …… 11

1.4　风电机组相关设计标准 ………… 14

　1.4.1　国际电工委员会标准 ………… 14

　1.4.2　国外主要风电标准 …………… 15

　1.4.3　中国主要风电标准 …………… 16

思考题 …………………………………… 17

第2章　风能及其转换原理 ……… 18

2.1　风的种类及其特性 ……………… 18

　2.1.1　风的形成及其基本特性 ……… 18

　2.1.2　全球性的风 …………………… 21

　2.1.3　地方性的风 …………………… 22

　2.1.4　平均风 ………………………… 23

　2.1.5　脉动风 ………………………… 27

　2.1.6　极端风 ………………………… 29

　2.1.7　地形地貌对风的影响 ………… 31

2.2　风的测量与估计 ………………… 32

　2.2.1　风向的测量 …………………… 33

　2.2.2　风速的测量 …………………… 33

　2.2.3　风能估计 ……………………… 34

2.3　风能资源评估及风电场选址概述 … 37

　2.3.1　风能资源评估 ………………… 38

　2.3.2　风电场选址 …………………… 38

2.4　风能转换基本原理 ……………… 40

　2.4.1　叶片上的气动力 ……………… 40

　2.4.2　风能转换基础理论 …………… 42

2.5　风力机的特性 …………………… 46

　2.5.1　风轮空气动力特性 …………… 46

　2.5.2　风力机的运行特性 …………… 47

　2.5.3　实度对风力机特性的影响 …… 48

思考题 …………………………………… 50

第3章　风力发电机组的结构 …… 51

3.1　水平轴风电机组概述 …………… 51

　3.1.1　风电机组的基本结构、性能
　　　　　和类型 ……………………… 51

　3.1.2　风电机组主要参数 …………… 56

　3.1.3　风电机组设计级别 …………… 60

3.2　风轮 ……………………………… 61

　3.2.1　叶片 …………………………… 61

　3.2.2　轮毂 …………………………… 66

　3.2.3　变桨机构 ……………………… 67

3.3　风电机组传动系统 ……………… 69

　3.3.1　风轮主轴 ……………………… 69

　3.3.2　增速齿轮箱 …………………… 71

　3.3.3　轴的连接与制动 ……………… 79

3.4　机舱、主机架与偏航系统 ……… 80

　3.4.1　机舱 …………………………… 80

　3.4.2　主机架 ………………………… 80

　3.4.3　偏航系统 ……………………… 81

3.5　塔架与基础 ……………………… 84

　3.5.1　塔架 …………………………… 84

　3.5.2　陆上风电机组的基础 ………… 88

　3.5.3　海上风电机组的基础 ………… 90

3.6　风电机组其他部件 ……………… 91

思考题 …………………………………… 91

第4章　风力发电机 ………………… 92

4.1　发电机的工作原理 ……………… 92

　4.1.1　发电机的基本类型 …………… 92

　4.1.2　直流发电机的基本工作原理 … 94

　4.1.3　同步交流发电机的基本工作
　　　　　原理 ………………………… 95

　4.1.4　异步交流发电机的基本工作
　　　　　原理 ………………………… 97

4.2 风力发电系统中的发电机 ············ 98
　　4.2.1 并网风电机组使用的发电机 ······· 99
　　4.2.2 离网风电机组使用的发电机 ······ 100
4.3 并网风力发电机 ···················· 101
　　4.3.1 同步发电机 ···················· 101
　　4.3.2 异步发电机 ···················· 103
　　4.3.3 双馈异步发电机 ··············· 104
　　4.3.4 直驱型发电机 ················· 107
思考题 ································· 110

第5章 风力发电机组的控制及安全
**　　　 保护** ···························· 111
5.1 风力发电机组的控制技术 ··········· 111
　　5.1.1 风力发电机组的基本控制
　　　　　 要求 ························· 111
　　5.1.2 风力发电机组的控制系统
　　　　　 结构 ························· 114
　　5.1.3 风力发电机组的运行控制
　　　　　 过程 ························· 115
5.2 风力机控制 ························ 117
　　5.2.1 风力机控制的空气动力学
　　　　　 原理 ························· 117
　　5.2.2 定桨距风力机控制 ············ 118
　　5.2.3 变桨距风力机控制 ············ 119
　　5.2.4 功率控制 ····················· 121
5.3 发电机控制 ························ 123
　　5.3.1 风力发电机控制要求 ·········· 123
　　5.3.2 异步风力发电机控制 ·········· 124
　　5.3.3 双馈式发电机控制 ············ 129
　　5.3.4 直驱式发电机控制 ············ 132
5.4 风力发电机组信号检测 ············· 135
　　5.4.1 风速及风向信号检测 ·········· 135
　　5.4.2 转速信号检测 ················· 135
5.5 控制系统的执行机构 ··············· 136
　　5.5.1 制动保护系统 ················· 137
　　5.5.2 变桨距执行系统 ··············· 137
　　5.5.3 偏航系统 ····················· 139
5.6 风电机组的安全保护 ··············· 140
　　5.6.1 风电机组安全保护系统设计 ····· 140
　　5.6.2 风电机组安全链系统 ·········· 141
　　5.6.3 风力发电机组防雷保护 ········ 142

思考题 ································· 143

第6章 垂直轴风力发电机组 ·········· 145
6.1 垂直轴风力发电机组及其发展
　　 概况 ···························· 145
　　6.1.1 垂直轴风力发电机组的发展
　　　　　 概况 ························· 145
　　6.1.2 垂直轴风力机的类型 ·········· 146
　　6.1.3 垂直轴风力机的主要特点 ······ 148
6.2 垂直轴风力机基本原理 ············· 149
　　6.2.1 阻力型垂直轴风力机 ·········· 149
　　6.2.2 升力型垂直轴风力机 ·········· 151
6.3 水平轴与垂直轴风力机的对比 ······ 152
思考题 ································· 153

第7章 离网风力发电系统 ············ 154
7.1 离网风力发电机组的应用 ··········· 154
　　7.1.1 向大用户直接供电 ············ 154
　　7.1.2 向农户、村落、农牧场供电 ···· 155
7.2 微、小型风力发电机组结构 ········· 156
　　7.2.1 叶片与风轮 ··················· 157
　　7.2.2 调速装置 ····················· 157
　　7.2.3 调向装置 ····················· 158
　　7.2.4 发电机 ······················· 159
　　7.2.5 塔架 ························· 160
　　7.2.6 蓄电池 ······················· 160
　　7.2.7 控制器和逆变器 ··············· 160
7.3 互补发电系统 ······················ 160
　　7.3.1 风-光互补发电系统 ··········· 160
　　7.3.2 风力发电机与蓄电池系统 ······ 162
　　7.3.3 风力-柴油互补发电系统 ······· 164
7.4 储能装置 ·························· 166
　　7.4.1 蓄电池 ······················· 166
　　7.4.2 抽水蓄能 ····················· 170
　　7.4.3 飞轮储能 ····················· 170
　　7.4.4 超导储能 ····················· 171
　　7.4.5 其他储能方式 ················· 171
思考题 ································· 171

附录 风力发电名词术语汉英对照 ······ 172
参考文献 ····························· 178

第1章 绪 论

众所周知，人类的生存和发展离不开能源，能源问题与人类文明的演进息息相关。随着社会和经济的发展，能源的消耗在急骤增长。目前，煤、石油、天然气是人类社会的主要能源，这些化石能源都是不可再生的。人类大规模开发这些能源的历史不过二三百年，却已将地球亿万年来形成的极为有限的化石能源几乎快要消耗殆尽。另外，人类无限制地燃烧煤炭、天然气、石油等燃料发电，也是产生温室效应及污染物排放的主要因素，以致世界性的能源危机加剧和全球环境日趋恶化。

为了实现人类社会未来的可持续发展与解决化石能源带来的环境问题，必须大力发展新型能源。在能源发电领域，我国目前主要以火力发电与水力发电为主，两者占到了总发电容量的90%以上（见图1-1），其中又有3/4的电能来自于煤炭，每年仅中国要烧掉超过1.4Gt煤用来发电。地球除了煤炭等化石能源，还有着丰富的风力、太阳能等可再生能源。随着人类科学技术的发展，大规模地开发使用风能与太阳能，以满足人们对电能的需求已经成为现实。以我国为例，2010年的年用电总量是41923亿 kW·h 左右，而我国经济可开发利用的风力发电资源在 10 亿 kW 左右，考虑到风的间歇性，全部开发完成后的风力发电总量，可以满足目前50%左右电力的需求。除此以外，其他新型能源（如潮汐、地热、生物质能等）也会逐步为人类所利用。

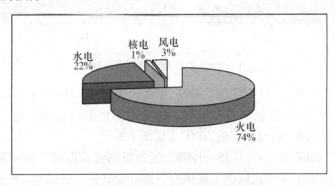

图1-1 2010年中国发电装机结构

由于风力发电具有良好的发展前景，开发利用风力资源对于缓解能源短缺、保护生态环境具有重要意义，因此受到了世界各国的广泛关注。我国地域辽阔，风力资源丰富，风力发电技术日趋成熟，具备了规模开发条件，因此，风力发电在我国有着很大的发展空间。

2005 年以前，我国的风力发电规模很小，风力发电主要用于远离电网的离散用户，如牧区、海岛、边防哨所等。风力发电机组的制造以中小型机组为主，并网发电的大型风电机组数量很少。自能源危机之后，尤其在 2006 年国家《可再生能源法》颁布后，将可再生能源（风能、太阳能、水能、生物质能、地热能、海洋能等非化石能源）开发利用的科学技术研究和产业化发展列为科技发展与高技术产业发展的优先领域。根据国家发展与改革委员会的《可再生能源中长期发展规划》，2020 年中国风电机组装机容量将达到 3000 万 kW，以风能为代表的清洁可再生能源发电在我国进入了快速发展时期。

1.1 风能利用及风力发电历史

人类利用风能的历史悠久，古代埃及、波斯和中国有资料记载的就有几千年的历史。在蒸汽机发明以前，风能曾作为重要的动力，最早的利用方式是"风帆行舟"。约在几千年前，古埃及人的风帆船就在尼罗河上航行。我国在商代出现了帆船，最辉煌的风帆时代是明朝。15 世纪中叶，中国的航海家郑和七下西洋，庞大的船队就是用风帆作为动力的，当时我国的帆船制造技术已领先于世界。风车使用的起源最早可以追溯到 3000 年前，那时候风车的主要用途是提水、锯木和推磨等，欧洲一些国家现在仍然保留着许多风车，已成为人类文明史的见证（见图 1-2）。在蒸汽机出现以前，风力机械是人类的主要动力来源之一，随着化石燃料能源的开采及利用，尤其是火力发电技术的大规模应用，风能作为动力逐渐退出了历史的舞台。

a) 帆船   b) 风车

图 1-2　人类早期风能利用示例

风力发电的历史始于 19 世纪晚期。1887 年底，美国人 Charles F. Brush（1849—1929）研制出世界上第一台 12kW 直流风力发电机，用来给家里的蓄电池充电。该机组风轮直径 17m，安装了 144 个叶片，运行了将近 20 年（见图 1-3a）。

丹麦物理学家 Poul La Cour（1846—1908）通过风洞试验发现，叶片数少、转速高的风轮具有更高效率，提出了"快速风轮"的概念，即叶尖转速高于风速。根据研究结果，Poul La Cour 于 1891 年建造了一台 30kW 左右的具有现代意义的风力发电机组（见图 1-3b），发出直流电，用于制氢，供附近小学的汽灯照明，一直持续到 1902 年。

1926 年德国科学家 Albert Betz（1885—1968）对风轮空气动力学进行了深入研究，提出了"贝茨理论"，指出风能的最大利用率为 59.3%，为现代风电机组空气动力学设计奠定了基础。从 20 世纪 20 年代起，前苏联、美国和一些欧洲国家纷纷开展了风力发电技术的研究。

1925 年 Sigurd Savonius 发明了一种阻力型垂直轴风电机组类型，称为"Savonius 机组"，由于其空气动力学特性非常复杂，效率低，实际应用较少。1931 年法国人 Georges Darrieus 发明了另外一种升力型的垂直轴风电机组，称为"Darrieus（达里厄）机组"。

美国工程师 Palmer Cosslett Putnam（1910—1986）首先提出并网风电设想。他与

S. Morgan Smith 公司合作，于 1940 年将其设想变为现实，制造出风电发展历史上第一个 1250kW 超大型的 Smith-Putnam 风电机组（见图 1-3c）。该机组的塔架高度 32.6m，风轮直径 53.3m，两叶片，每个叶片重量达到 8t。在当时的技术条件下，由于材料强度不能满足要求，机组只运行了 4 年时间，就发生了叶片折断事故。这也促使人们在叶片结构优化和轻质材料方面开始进行深入的研究。

a) Brush 的风电机组　　　b) Poul la Cour 的风电机组　　　c) Smith-Putnam 的风电机组

图 1-3　早期的风电机组

德国人 Ulrich Huetter（1910—1989）一直致力于风电机组结构优化研究，于 1942 年提出"叶素动量理论"，1957 年建成容量 100kW 的风电机组 W-34 型（见图 1-4a），该机组风轮直径 34m，两叶片，叶片采用了优化的细长结构。丹麦人 Johannes Juul 于 1957 年建造了一台 200kW 风电机组 Gedser（见图 1-4b），并实现并网发电。该机组具有三个固定叶片，采用异步发电机，风轮定速旋转。这种结构形式的风电机组被称为"丹麦概念风电机组"。这两台风电机组的许多设计思想和试验数据对后来的现代大型风电机组设计产生了重要影响。

a) 德国人 Huetter 建造的风电机组 W-34　　　b) 丹麦人 Johannes Juul 建造风电机组 Gedser

图 1-4　现代风电机组的先驱

在上述半个多世纪里，人们对风力发电技术进行了持续不断的研究，但由于可以广泛使用化石能源提供的廉价电力，因而对风力发电的应用没有足够的兴趣，这种现象一直持续到

20 世纪 70 年代。发生于 1973 年的石油危机，促进了西方各国政府对风力发电的重视，通过政策优惠及项目资助促进了风电技术的应用研究与发展，人们获得了许多重要的科学知识和工程实践经验，并开始建造了一系列示范试验机组。1981 年，美国建造并试验了新型的水平轴 3MW 风力发电机组，该机组利用液压驱动进行偏航对风，整个机舱始终处于迎风方向。德国、英国、加拿大等国在同期也先后进行了兆瓦级风电机组的实验研究工作，然而，在一段时间里，叶片数目的最佳选择始终不确定，单叶片、双叶片以及三叶片的大型风力发电机组始终处于并存状态。

进入 20 世纪 90 年代，环境污染和气候变化逐渐引起人们的注意，风力发电作为清洁可再生能源重新受到许多国家政府重视，尤其在欧洲，风力发电开始了商业规模化并网运行。

大型风力发电机组处于无人值守的野外，运行过程中要受到恶劣气候的影响，在示范性试验中的样机经常出现问题，机组的可靠性也不高。因此，对于首先投入商业运行的机组，人们选择了容量偏小、三叶片、失速调节、交流感应发电机、恒速运行的风力发电机组，这一简单结构的机组被证明相当成功。目前，商业化运行的风力发电机组单机容量已经达到 20 世纪 80 年代示范机组的规模，机组实现了变桨距、变速方式调节运行，使得机组的效率得到了很大提高，出现了更先进的双馈式及直驱式新型风力发电机组，同时，风力发电机组由陆地走向了近海。

我国现代风力发电技术的开发利用起源于 20 世纪 70 年代。当时根据牧区需要，从仿制国外机组到自行研究，设计了 30W ~ 2kW 的多种小型风电机组。经过不断地学习国外先进研发及制造技术，我国 55kW 以下的小型风力发电机组逐渐形成系列化产品，解决了边远农村、牧区、海岛、边防哨所、通信基站等偏远用户的用电问题，成为离网型风电机组的主力。经过近 30 年的技术发展，我国自行研制开发的小型风力发电机组运行平稳、质量可靠，使用寿命在 15 年以上。这些机组经济性好、成本低、价格便宜，得到了广泛使用，生产能力居世界首位，并出口到世界很多国家和地区。

进入 20 世纪 80 年代后，我国开始研究并网型风力发电机组，1984 年研制出了 200kW 风电机组，同期，我国风电场建设也进入起步阶段，在新疆、内蒙古安装了数台国外引进机组，开始了并网风力发电技术的实验与示范。经过了 10 年左右的发展，我国已基本掌握了 200 ~ 600kW 大型风力发电机组的制造技术。这期间，国家并没有将风力发电作为重要电力来源，直到进入 21 世纪，在世界范围内，能源和环境问题更加突出，我国风力发电才逐渐进入了高速发展时期。可以预期，风力发电必将很快成为我国电力的主要来源之一。

1.2 中国风能资源与开发前景

1.2.1 风能特点

与其他能源形式相比，风能具有以下特点：

（1）风能蕴藏量大、分布广 据世界气象组织估计，全球的可利用风能源约为 200 亿 kW，为地球上可利用水能资源的 10 倍。我国约 20% 左右的国土面积具有比较丰富的风能资源，据推测，我国风能的经济可开发量在 10 亿 kW 左右。

（2）风能是可再生能源 不可再生能源是指消耗一点少一点，短期内不能再产生的自然能源。它包括煤、石油、天然气、核燃料等。可再生能源是指可循环使用或不断得到补充的自然能源。如：风能、水能、太阳能、潮汐能、生物质能等。因此，风能又是一种过程性能源，不能直接储存，不用就过去了。

（3）风能利用基本没有对环境的直接污染和影响 风电机组运行时，只降低了地球表面气流的速度，对大气环境的影响较小。风电机组噪声在 40 ~ 50dB 左右，远小于汽车的噪声，在距风电机组 500m 外已基本不受影响。风电机组对鸟类的歇息环境可能有一定影响。因此，风力发电属清洁能源，对环境的负面影响非常有限，对于保护地球环境、减少 CO_2 温室气体排放具有重要意义。

（4）风能的能量密度低 由于风能来源于空气的流动，而空气的密度是很小的，因此风力的能量密度也很小，只有水力的 1/816，这是风能的一个重要缺陷。因此，风力发电机组的单机容量一般较小。我国目前以 1.2 ~ 2MW 级机组为主，世界上最大的商业运行机组也只有 5MW。

（5）不同地区风能差异大 由于地形的影响，风力的地区差异非常明显。一个邻近的区域，有利地形下的风力，往往是不利地形下的几倍甚至几十倍。

（6）风能具有不稳定性 风能随季节性影响较大，我国位于亚洲大陆东部，濒临太平洋，季风强盛。冬季我国北方受西伯利亚冷空气影响较大，夏季我国东南部受太平洋季风影响较大。由于气流瞬息万变，因此风的脉动、日变化、季变化以至年际的变化都十分明显，波动很大，极不稳定。

1.2.2 我国风能资源分布特点及开发前景

风能是地球表面大量空气流动所产生的动能，风拥有巨大的能量。风速 9 ~ 10m/s 的 5 级风，吹到物体表面上的力，每平方米面积上约有 10kg。风速 20m/s 的 9 级风，吹到物体表面上的力，每平方米面积可达 50kg 左右。台风的风速可达 50 ~ 60m/s，它对每平方米物体表面上的压力，竟可高达 200kg 以上。

某个区域风能资源的大小取决于该区域的风能密度和可利用的风能年累积小时数。风能密度是单位迎风面积可获得的风的功率，与风速的三次方和空气密度成正比关系。据世界气象组织估计，全球可利用风能资源约为 200 亿 kW，为地球上可利用水能的 10 倍。

我国风力资源丰富，可开发量约为 7 ~ 12 亿 kW，其中陆地约为 6 ~ 10 亿 kW，海上约为 1 ~ 2 亿 kW，按 2009 年风力发电装机容量 1613 万 kW，发电量 269 亿 kW·h 推算，未来每年可提供 1.2 ~ 2 万亿 kW·h 电量。

我国幅员辽阔，地形条件复杂，风能资源状况及分布特点随地形和地理位置的不同而相差较大。根据风资源类别划分标准，按年平均风速的大小，各地风力资源大体可划分为 4 个区域，见表 1-1。

表1-1 风力资源区域划分

区别	平均风速/（m/s）	分 布 地 区
丰富区	>6.5	东南沿海、山东半岛和辽东半岛、三北北部区、松花江下游区
较丰富区	5.5 ~ 6.5	东南沿海内陆和渤海沿海、三北南部区、青藏高原区
可利用区	3.0 ~ 5.5	两广沿海、大小兴安岭地区、中部地区
贫乏区	<3.0	云贵川和南岭山地区、雅鲁藏布江和昌都区、塔里木盆地西部区

我国风能资源丰富的地区主要分布在:

(1) 西北、华北、东北地区(简称"三北"地区) 在该区域内风能资源储量丰富,占全国陆地风能资源总储量的79%,风能功率密度在$200 \sim 300 W/m^2$以上,有的可达$500 W/m^2$以上。全年可利用的小时数在5000h以上,有的可达7000h以上,具有建设大型风电基地的资源条件。这一风能丰富带的形成,主要是由于三北地区处于中高纬度的地理位置,尤其是内蒙古和甘肃北部地区,高空终年在西风带的控制下。三北地区的风能分布范围较广,是中国陆地上连片区域最大、风能资源最丰富的地区,这些地区随着经济发展,电网将不断延伸和增强,风电的开发将与地区电力规划相协调发展。

(2) 东南沿海及其附近岛屿地区 我国有漫长的海岸线,形成了丰富的沿海风能带。与大陆相比,海洋温度变化慢,具有明显的热惰性。所以,冬季海洋地区较大陆地区温暖,夏季海洋地区较大陆地区凉爽。在这种海陆温差的影响下,在冬季每当冷空气到达海上时风速增大,再加上海洋表面平滑、摩擦阻力小,一般风速比大陆增大$2 \sim 4 m/s$。沿海近10km宽的地带,年风功率密度在$200 W/m^2$米以上。在风能资源丰富的东南沿海及其附近岛屿地区,全年风速大于或等于$3 m/s$的时数约为$7000 \sim 8000h$,大于或等于$6 m/s$的时数为4000h。沿海地区风能资源的另一个分布特点是南大北小,台风的影响地区也呈现由南向北递减的趋势。

中国有海岸线约18000km,岛屿7000多个,这是风能大有开发利用前景的地区。该地区也是我国经济发达地区,是电力负荷中心,有较强的高压输电网,风电与水电具有较好的季节互补性。由于该地区风电在电网中的比例相对较小,因此,对电网的影响较小。

但在我国海岸线的南端,由于靠近海岸的内陆多为丘陵地区,气流受到地形阻碍的影响,风能功率密度仅$50 W/m^2$左右,基本上是风能不能利用的地区。

(3) 青藏高原北部 该区域风能资源也较为丰富,全年可利用的小时数可达6500h,但青藏高原海拔高,空气密度小,所以有效风能密度也较低,有效风能密度为$150 \sim 200 W/m^2$。另外,内陆个别地区由于湖泊和特殊地形的影响,风能也较丰富,如鄱阳湖、湖南衡山、湖北的九宫山、河南的嵩山、山西的五台山、安徽的黄山、云南太华山等也较平地风能大,但风能范围一般仅限制在较小区域内。

中国海上风能资源丰富,东部沿海水深$2 \sim 15 m$的海域面积辽阔,近海可利用的风能储量有$1 \sim 2$亿kW,而且距离电力负荷中心很近,适合建设海上风电场。海上风电具有风速高、风速稳定、不占用宝贵陆地资源的特点,随着海上风电场技术的发展成熟,将来必然会成为重要的电力来源。

根据目前我国气象资料对风电资源做出的评估偏于宏观,且误差较大,在具体风电场建设中,还要进行重新测风来做微观选址,对风能资源进行准确评估是制定风能利用规划、风电场选址、风电功率预测的重要基础。

风能资源评估方法有统计方法和数值方法两类,统计方法根据多年观测的气象数据和资料,对风能进行估计。数值方法则是在气象模型的基础上,利用计算机进行数值模拟,编制高分辨率的风能资源分布图,评估风能资源技术可开发量,数值方法的应用范围越来越广泛。在现有气象台站的观测数据的基础上,按照近年来国际通用的规范进行资源总量评估,进而采用数值模拟技术,更重要的是利用GIS(地理信息系统)技术将电网、道路、场址可利用土地,环境影响、当地社会经济发展规划等因素综合考虑,进行经济可开发储量评估,将更具实际意义。

表 1-2 列出我国一些省区的风能资源量。目前我国主要开发的是陆地风力资源,近海风能资源的开发处于起步阶段。在我国内陆地区,从东北、内蒙古、甘肃河西走廊至新疆一带的广阔地区风力资源比较丰富,沿海内陆的辽东半岛、山东、江苏至海南,东南沿海及岛屿具有较好的风力资源,青藏高原及部分内陆地区也存在一定的开发潜力。

表 1-2 风能资源比较丰富的省区

省　　区	风力资源/MW	省　　区	风力资源/MW
内蒙古	61780	山东	3940
新疆	34330	江西	2930
黑龙江	17230	江苏	2380
甘肃	11430	广东	1950
吉林	6380	浙江	1640
河北	6120	福建	1370
辽宁	6060	海南	640

1.2.3 风电发展概况

世界上近几年新增风电装机容量的年增长率保持在 25% 左右,其中 2009 年新增机组 37.50GW,增长率高达 31%。据统计,到 2009 年底,世界风电装机容量(联网装机)为 159.21GW,其中 54.6% 在欧洲。预计到 2010 年底,世界并网风电装机将达 200GW(见图 1-5)。同时,风电电价在逐步降低。表 1-3 列出世界上风电装机容量较多的前 10 位国家于 2009 年的总装机容量和当年新增装机容量。

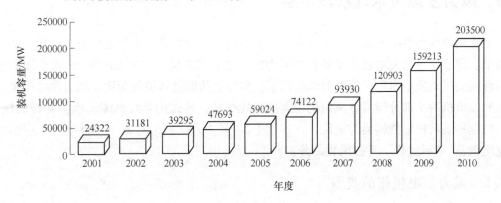

图 1-5 世界风电装机容量(来源:世界风能协会(WWEA)2009 世界风能报告)

表 1-3 2009 年世界风电装机最多的 10 个国家 [世界风能协会(WWEA)2009 世界风能报告]

国　　家	美国	中国	德国	西班牙	印度	意大利	法国	英国	葡萄牙	丹麦
当年装机/MW	9922	13800	1880	2460	1338	1114	1117	897	673	334
累计装机/MW	35159	26010	25777	19149	10925	4850	4521	4092	3535	3497
比例/(%)	22.1	16.3	16.2	11.5	6.8	3.0	2.8	2.6	2.2	2.2

我国的风电装机容量更是突飞猛进,尤其是近三年来保持了100%以上的增长速度,截至2010年底,全国风电装机容量达到4182万kW。过去10年,我国并网风电装机(除台湾省外)的增长情况如图1-6所示。

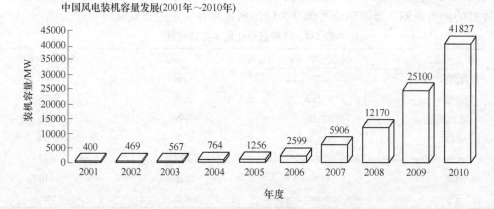

图1-6 我国并网风电装机(除台湾省外)的增长情况

发展风能是我国长期的战略任务,在国家可再生能源的中长期发展规划中,提出了我国风电发展目标,其中2010年总装机容量达到5000MW的目标已提前实现。国际风电发展的经验和我国风电发展的过程表明:技术进步是风电持续发展的基础。为了实现我国风电发展的战略目标,根据我国国情,我国风电发展的基本路线是:重点发展陆地风电,积极推进海上风电。在主要发展并网风电的同时,还要发展离网风电和分布式发电系统。

1.3 风力发电技术现状与发展

无论何种风力发电形式,在风力发电系统中的主要设备是风力发电机组。早期一些专业资料中,将整个风力发电机组设备称为风力机,或者风轮机(wind turbine),现在逐渐通用的名称叫做风力发电机组,简称为风电机组。实际上从能量转换的角度,风力发电机组由风力机和发电机两个部分组成。风力机主要指风轮部分,其作用是将风能转换为旋转机械能。发电机则将旋转机械能转换为电能。在本书中,"风力发电机组"或"风电机组"指整个风力发电设备,"风力机"专指风轮部分。

1.3.1 风力发电机组的类型

下面从不同的角度对风力发电机组进行分类。

1. 微型、小型、中型及大型风电机组

按照额定功率的大小,可以将风电机组分为:

1)微型风力发电机组:额定功率小于1kW;

2)小型风力发电机组:额定功率1~99kW;

3)中型风力发电机组:额定功率100~600kW;

4)大型风力发电机组:额定功率大于600kW。

2. 离网型风电机组和并网型风电机组

按照风电机组与电网的关系，分为离网型风电机组和并网型风电机组。

（1）离网型风电机组 一般指单台独立运行，所发出的电能不接入电网的风力发电机组。这种机组一般容量较小（常为微小型机和中型机），专为家庭或村落等小的用电单位使用，常需要与其他发电或储电装置联合运行。

（2）并网型风电机组 一般指以机群布阵成风力发电场，并与电网连接运行的大、中型风力发电机组。

3. 水平轴和垂直轴风电机组

按照风轮旋转主轴与地面相对位置的关系，风电机组分为水平轴风电机组和垂直轴风电机组。

（1）水平轴风电机组 风轮旋转轴与地面平行，叶片数量视用途而定。水平轴风电机组又可分为升力型（darrieus 型）和阻力型（savonius 型）。升力型风电机组利用叶片两个表面空气流速不同产生升力，使风轮旋转；阻力型风电机组则利用叶片在风轮旋转轴两侧受到风的推力（对风的阻力）不同，从而产生转矩，使风轮旋转。升力型风轮旋转轴与风向平行，转速较高，风能利用系数高，阻力型的很少应用。

图 1-7 所示为多种不同形式的水平轴风电机组。目前大型风力发电机组几乎全部为水平轴升力型，叶片数 1~3 个，主要原因是水平轴风电机组具有较高的风能利用系数，目前达到 0.4~0.5。图中还示出一些特殊形式的水平轴风轮，例如轮辐式风轮、多转子式、带扩流管或聚流罩的聚能式风轮等。

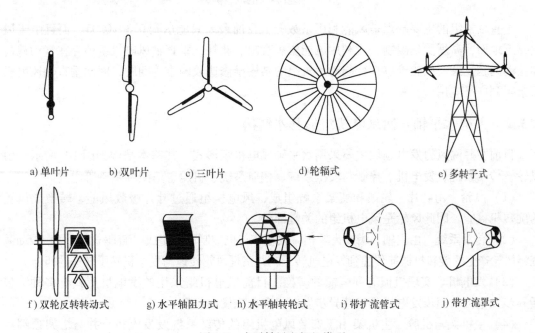

a) 单叶片　b) 双叶片　c) 三叶片　d) 轮辐式　e) 多转子式

f) 双轮反转转动式　g) 水平轴阻力式　h) 水平轴转轮式　i) 带扩流管式　j) 带扩流罩式

图 1-7　水平轴风电机组类型

2）垂直轴风电机组 分为阻力型和升力型两大类。图 1-8 所示为这两种不同类型的垂直轴风电机组及其各种变化形式，例如阻力型机组中的多叶片式、板式、杯式，升力型机组中的 φ 形、H 形风轮等。垂直轴风电机组的风轮围绕一个与地面垂直的轴旋转，机组的运转与风向无关,故不需要对风驱动装置,同时,其变速箱、发电机、制动机构、控制装置都可安置于地面,使结构和安装大大简化,也便于检修。此外,垂直轴风电机组的叶片与轮毂的连接形式可以有多种选择,这样有利于改善叶片所受的载荷。

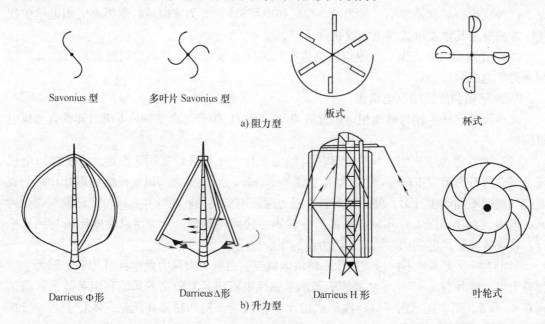

图1-8　垂直轴风电机组类型

垂直轴机组的主要缺点是风能利用系数低,目前最高只能达到 $0.3 \sim 0.35$,而且由于风轮靠近地面,高度受到限制,可利用风能资源有限。此外,垂直轴风电机组还存在气动载荷和振动问题复杂、风轮难以自行起动、机组的结构维修比较困难等问题,因此垂直轴风电机组未得到广泛应用。

1.3.2　大型水平轴并网风电机组的基本结构

目前在并网风力发电领域主要采用水平轴风电机组形式,其基本结构如图1-9所示,由风轮、传动系统、发电机、控制与安全系统、偏航系统、机舱、塔架和基础等组成。

(1) 风轮　由叶片、轮毂和变桨系统组成,风电机组通过叶片吸收风能,转换成风轮的旋转机械能。因此风轮是风电机组的关键部件。

(2) 传动系统　由主轴、增速齿轮箱、联轴节与机械制动器组成(直驱式除外)。传动系统将风轮产生的旋转机械能传递到发电机转子,并实现风轮转速与发电机转子转速的匹配。

(3) 发电机　实现机械能到电能的转换。目前风电机组采用的发电机形式有多种,包括异步发电机、同步发电机、双馈异步发电机和永磁发电机等。

(4) 主机架与机舱　主机架用于安装风电机组的传动系统及发电机,并与塔架顶端连接,将风轮和传动系统产生的所有载荷传递到塔架上。机舱罩将传动系统、发电机以及控制装置等部件遮盖,起到保护作用。

(5) 偏航系统　偏航操作装置主要由偏航轴承、驱动电机、齿轮传动机构、制动器等功能部件或机构组成,主要用于调整风轮的对风方向。

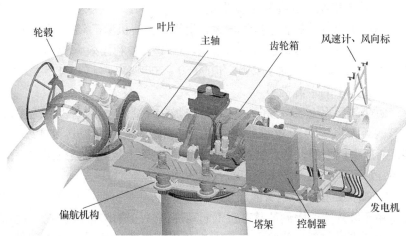

a) 整机形式   b) 风轮及机舱内部结构

图 1-9   水平轴风电机组结构图

（6）控制与安全系统   包括变桨控制器（分为电变桨与液压变桨两种）、变流器、主控制器、机组控制安全链及各种传感器等。完成机组信号检测、机组起动到并网运行发电过程中的控制任务，并保证机组在运行中的安全性。

（7）塔架和基础   塔架是风电机组的支撑部件，承受机组的重量、风载荷以及运行中产生的各种动载荷，并将这些载荷传递到基础。

（8）其他部分   包括防雷系统等。

1.3.3   风力发电技术的发展状况

鉴于风电装备产业在未来能源生产中的重要性，发达国家十分重视相关的技术开发，在逐步完善目前主流形式的风电机组的设计制造技术的同时，不断探索一些新颖的设计方案。在新型叶片的设计研究方面，采用新型材料制成的柔性叶片可改善叶片受力，根据空气动力学理论设计的新型叶片还可更好地实现低风速的风能利用。另外，混合式风力发电机组，即由风轮通过单级增速装置驱动多极同步发电机方式的机组，或者采用液力耦合或电磁耦合实现调速的研究也引起人们的重视。对于未来的超大型风电机组使用的超导发电机的研究也已经启动。

当前风电技术和设备的发展主要呈现大型化、变速运行、变桨距、无齿轮箱等特点。

纵观世界风电产业技术现实和前沿技术的发展，目前全球风电制造技术发展主要呈现如下特点：

1. 水平轴风电机组技术成为主流

水平轴风电机组技术，因其具有风能转换效率高、转轴较短，在大型风电机组上更显出经济性等优点，使水平轴风电机组成为风电发展的主流机型，并占到95%以上的市场份额。同期发展的垂直轴风电机组因转轴过长、风能转换效率不高，起动、停机和变桨困难等问题，目前市场份额很小、应用数量有限，但由于其全风向对风、变速装置及发电机可以置于风轮下方或地面等优点，近年来，国际上相关研究和开发也在不断进行并取得一定进展。

2. 风电机组单机容量持续增大

风电机组的单机容量持续增大，世界上主流机型已经从 2000 年的 500～1000kW 增加到 2009 年的 1.5～3MW。随着单机容量不断增大和利用效率提高，我国主流机型已经从 2005 年的 600～1000kW 增加到 2009 年的 850～2000kW，目前，1.5～2MW 级风电机组已成为国内风电市场中的主流机型。

近年来，海上风电场的开发进一步加快了大容量风电机组的发展，2008 年底世界上已运行的最大风电机组单机容量已达到 5MW，风轮直径达到 127m。目前，已经开始 8～10MW 风电机组的设计和制造。我国的 3MW 海上风电机组已经在海上风电场成功投入运行，5MW 或 6MW 大型海上风电机组也在研制中。

3. 变桨距技术得到普遍应用

由于叶片变桨距调节具有机组起动性能好、输出功率稳定、机组结构受力小、停机方便安全等优点，使得目前绝大多数大型并网风电机组均采用变桨距调节形式。国内新安装的 MW 级机组多已实现了变桨距功率调节。变桨距调节机组的缺点是增加了变桨装置与故障几率，控制程序比较复杂。

4. 变速恒频技术得到快速推广

与恒速运行的风力发电机组相比，变速运行的风电机组具有发电量大、对风速变化的适应性好、生产成本低、效率高等优点。变速恒频双馈异步风力发电机组即是其中典型，2009 年新增风电机组中，双馈异步风力发电机组仍占 80% 以上。随着电力电子技术的进步，大型变流器在大型双馈发电机组及直驱式发电机组中得到了广泛应用，使得机组在低于额定风速下具有较高的效率，结合变桨距技术的应用，在高于额定风速下使发电机功率更加平稳，但机组造价较高。

5. 直驱式、全功率变流技术得到迅速发展

无齿轮箱的直驱方式能有效地减少由于齿轮箱问题而造成的机组故障，可有效提高系统的运行可靠性和寿命，减少维护成本，因而得到了市场的青睐。2009 年我国新增大型风电机组中，直驱式风电机组已超过 17%。

伴随着直驱式风电系统的出现，全功率变流技术得到了发展和应用。应用全功率变流的并网技术，使风轮和发电机的调速范围扩展到 0～150% 的额定转速，进一步提高了风能的利用范围。由于全功率变流技术对低电压穿越技术有较好的解决方案，因此具有一定发展优势。

6. 大型风电机组关键部件的性能日益提高

随着风电机组的单机容量不断增大，各部件的性能指标都有了提高，国外已研发出 3～12kV 的风力发电专用高压发电机，使发电机效率进一步提高；高压三电平变流器的应用大大减少了功率器件的损耗，使逆变效率达到 98% 以上；某些公司还对桨叶及变桨距系统进行了优化，改进桨叶后使叶片的 C_p 值达到了 0.5 以上。

我国在大型风电机组关键部件方面也取得明显进步，叶片、齿轮箱、发电机等部件制造质量已有明显提高；我国风电设备的产业链已经形成，为今后的快速发展奠定了稳固的基础。

7. 智能化控制技术广泛应用

鉴于风电机组的极限载荷和疲劳载荷是影响风电机组及部件可靠性和寿命的主要因素之一，近年来，风电机组制造厂家与有关研究部门积极研究风电机组的最优运行和控制规律，通过采用智能化控制技术，与整机设计技术结合，努力减小疲劳载荷，避免风电机组运行在极限载荷，并逐步成为风电控制技术的主要发展方向。

8. 叶片技术不断进步

随着机组容量的增加，叶片的长度及重量均有所增加，因此需增加叶片刚度保证叶片的尖部不与塔架相碰，并要有好的疲劳特性和减振结构来保证叶片长期的工作寿命。

为了增加叶片的刚度，在长度大于50m的叶片上将广泛使用强化碳纤维材料。用玻璃钢、碳纤维和热塑材料的混合纱丝制造叶片，这种纱丝铺进模具加热到一定温度后，热塑材料就会融化并转化为合成材料，可能会使叶片生产时间缩短50%。

"柔性智能叶片"的研究将受到关注，这种叶片可以根据风速的变化相应改变受风的型面，改善叶片的受力状态，化解阵风的冲击能量，使风电机组的运行更平稳，降低疲劳损坏，提高机组寿命，有利于安全稳定运行。

9. 适应恶劣气候环境的风电机组得到重视

由于中国的北方具有沙尘暴、低温、冰雪、雷暴，东南沿海具有台风、盐雾，西南地区具有高海拔等恶劣气候特点，恶劣气候环境已对风电机组造成很大的影响，包括增加维护工作量，减少发电量，严重时还导致风电机组损坏。近年来，我国在风电机组的防风沙、抗低温、防雷击、抗台风、防盐雾等方面进行了研究，以确保风电机组在恶劣气候条件下能可靠运行，提高发电量。

10. 低电压穿越技术得到应用

随着风电机组单机容量的不断增大和风电场规模的不断扩大，电网对机组性能要求越来越高。通常情况下要求发电机组在电网故障出现电压跌落的一段时间内不脱网运行，并在故障切除后能尽快帮助电力系统恢复稳定运行，即要求风电机组具有一定低电压穿越（low voltage ride-through，LVRT）能力。很多国家的电力系统运行导则对风电机组的低电压穿越能力做出了规定。

11. 海上风电技术成为重要发展方向

近海风能资源丰富，而陆上风电场有占用土地、影响自然生态、噪声等不利因素，使得风电场建设从陆上向近海逐步发展。

由于近海风电机组对噪声的要求较低，采用较高的叶尖速度可降低机舱的重量和成本。可靠性高、维修性好、单机容量大是今后近海风电机组的发展方向。

近海风电资源测试评估、风电场选址、基础设计及施工安装技术等方面的工作越来越受到重视。到2015年底，全球预计建设总容量达18.49GW（一般估算）~24.256GW（乐观估算）的海上风电场。

12. 标准与规范逐步完善

德国、丹麦、荷兰、美国、希腊等国家加快完善了风电技术标准，建立了认证体系和相关的检测与认证机构，同时采取了相应的贸易保护性措施。自1988年国际电工委员会成立了IEC/TC88"风力发电技术委员会"以来，已发布了10多项国际标准，这些标准绝大部分是由欧洲国家制定的，是以欧洲的技术和运行环境为依据编制的，为保证产品质量、规范风电市场、提高风电机组的性能和推动风电发展奠定了重要基础，同时，也保护了欧洲风电机组制造企业。我国也开展了风电行业标准化工作，完善机构建设，并进行风电机组各项标准的制定和修订。

1.4　风电机组相关设计标准

20世纪80年代初，在风电快速发展的大背景下，为了规范风电机组产品的设计、制造和安装运行，保证产品质量，提高安全性和可靠性，降低风电产业的风险，德国、荷兰和丹麦等几个风电发达国家率先开始着手制订风电机组的相关准则和标准，并逐渐形成了"第三方认证"的制度，即风电机组产品必须经过第三方机构的审查、监督、发证和后续检查工作，取得许可后，才能进入市场。从1986年德国劳氏船级社提出的第一个关于风电机组认证的准则"风能转换系统的认证准则"以来，风力发电领域已经形成了比较完善的标准、检测和认证体系，为促进风电的健康发展起到了重要作用。

现代并网型风电相关的专业技术标准大致涉及以下几方面：

（1）风资源评估　此类标准主要用于较大范围的风能资源规划，是风能利用的重要评价依据。通常根据气象部门的统计分析数据，由国家发布标准。

（2）风电机组设计与认证　主要用于风力发电设备的设计、试验、检测和认证等过程。其中，有关机组设计的标准，可大致分为整机和部件设计两类标准；而有关机组的认证目前多采用准行业标准形式，主要用于新型机组的生产许可，一般由权威认证机构制定。

（3）风电场设计与运行　此类标准主要用于风力发电场的规划与设计，随着大型风电场的快速增加，相应的运行规范或标准也在发展和形成中。

1.4.1　国际电工委员会标准

国际电工技术委员会（International Electrotechnical Commission，IEC）于1988年成立了风力发电技术委员会（IEC/TC88），开始进行风电国际标准的制订工作，并于1994年颁布标准IEC 1400—1 "风力发电系统　第一部分：安全要求"，1997年给出该标准的第二版。1999年，该标准重新修订和编号为IEC61400—1。2005年进一步修订，更名为"风力发电系统　第一部分：设计要求"。该标准是风电机组的基本设计标准之一。标准中针对在特定环境条件工作的风电设备，规定了设计、安装、维护和运行等安全要求，并涉及对机组主要子系统，如控制和保护机构、内部电气设备、机械系统、支撑结构以及电气连接等设备的要求。除了IEC61400—1标准以外，国际电工技术委员会还陆续颁布了多项风电相关标准，形成了比较完善的标准体系。IEC有关风电的主要标准见表1-4。

表1-4　IEC有关风电机组的部分标准

标　准　号	标　准　名	发　布　时　间
IEC 61400—1	风力发电系统　第1部分：设计要求	2005年
IEC 61400—2	风力发电系统　第2部分：小型风轮机的安全要求	1996年
IEC 61400—3	风力发电系统　第3部分：海上风电机组设计要求	2009年
IEC 61400—11	风力发电机组　第11部分：噪声测量技术	2002年
IEC 61400—12	风力发电系统　第12部分：风轮机动力性能试验	1998年
IEC 61400—13	风力发电系统　第13部分：机械负载的测量	2001年
IEC 61400—14	风力发电机组　第14部分：声功率级和音质	2005年

（续）

标 准 号	标 准 名	发 布 时 间
IEC 61400—21	风力发电机组 第21部分：电能质量测量和评估方法	2001年
IEC 61400—23	风力发电系统 第23部分：风轮叶片的全尺寸比例结构试验	2001年
IEC 61400—24	风力发电系统 第24部分：避雷装置	2002年

针对海上风电机组的发展状况和特殊性，国际电工委员会2009年颁布了最新标准IEC 61400—3"海上风电机组设计要求"。

国际电工技术委员会于1995年开始推动国际风电机组认证的标准化工作，于2001年颁布了认证标准IEC WT01"风力发电机组合格认证 规则及程序"。成为国际间通行的认证标准。标准中涉及的认证程序包括机组型式认证、项目认证和部件认证三种。

型式认证是针对新型号的风力发电设备，通过设计评估、制造厂资质及质量管理体系评估、生产制造过程监测以及样机型式试验等四个环节，确认定型风电机组是否满足相关规范和标准规定的设计、制造、安装和运行维护条件。

风电场项目认证是在风电机组型式认证基础上，通过风电场选址及设计评估、制造过程检测、运输安装过程监测及调试启用检测等环节，对风电场选址处的风力资源条件、地基条件、运输条件及电网条件是否和定型风电机组设计文件及塔基设计文件中确定的参数相适用做出评估。

部件认证是对风电机组的主要部件的设计、制造等环节做出评估，以确定其是否满足标准中规定的技术要求。

1.4.2 国外主要风电标准

目前，德国、丹麦、荷兰这三个国家的风力发电技术处于世界领先地位，这些国家都较早颁布了风电相关的标准，建立了完备的风电认证体系，对本国的陆地和海上风电项目实施强制认证。对风电技术的发展起到了积极重要的作用。

德国劳式船级社（Germanischer Lloyd，GL）是最早在国际上开展风电机组认证工作的第三方机构。该公司于1986年草拟了第一个关于风电机组认证的准则"风能转换系统的认证准则"（简称GL准则），并于1993年正式出版。该准则经过多次补充和完善，已经形成国际上最完善的风电机组认证标准体系，被国际上广泛采纳。GL准则中根据平均风速、极端风速和湍流强度条件，将风电机组分成不同的级别；详细给出风电机组载荷分析及计算方法，并对风电机组整体及主要部件的设计过程和要求进行了描述。德国船级社于1995年就已经出版了关于海上风电机组认证的标准。其最新版"GL海上风机认证指南（2005）"可用于海上机组和风电场的设计、评估及认证，涵盖机组型式认证和风电场项目认证两方面。

荷兰于1988年颁布风电认证标准NEN 6096，后来形成荷兰国家标准NVN 11400—0。该标准中除对风电机组的基本设计要求外，还规定设备生产商须通过ISO 9001认证，或满足NVN 11400—0要求且通过认证机构认证。该标准采用的机组载荷计算方法，大体上与IEC 61400—1标准相同，主要差别在于疲劳和变形分析的一些局部安全系数选择方面。NVN 11400—0附录D中所提出的外部条件，主要是针对荷兰的风况。

丹麦于1992年颁布国家标准DS472"风机的载荷和安全标准"。规定了风电机组的基本设计要求，且规定设备制造商须通过 ISO9001 认证。根据本国气候条件，该标准定义了风况条件，风速等级与其他标准也稍有不同。该标准中设计载荷的分析和 GL 准则类似，只是载荷数量的情况较少。DS472 标准中还提供了直径达 25m 的三叶片失速型机组的简化疲劳载荷谱，以及叶片和塔架对阵风响应因素的计算方法。

挪威船级社（DNV）是较早从事海上风电认证的第三方机构，于 2007 年颁布标准 DNV-OS-J101《海上风电机组结构设计标准》。DNV 凭借海上风电开发的探索和认证管理的实践，形成较完整且有参考意义的技术认证及风险管理体系，从 1991 年至今，已为全球 40 多个海上风电场提供认证服务，在国际海上风电认证领域具有代表性和影响力。

除了上述标准之外，欧盟也颁布了多项关于风电机组零部件的标准，如 EN60034《旋转电机》、EN50178《用于电力安装的电气设备》、EN61010《机械安全 机械电气设备》等，分别对风电机组用电机（发电机、变桨电机、偏航电机等）、变流器、控制系统等部件提出了技术要求。

北美各国的风电标准体系主要依据 UL 标准和 IEEE 标准等，与 IEC 标准和 EN 标准存在较大差异。例如风力发电机标准采用 UL1004—1/—4，变流器标准采用 UL1741、IEEE1547 等，主控器标准采用 UL508A 等。

1.4.3 中国主要风电标准

1985 年在原国家标准局的批准下成立了全国风力机械标准化技术委员会（SAC/TC50），负责我国的风力发电、风力提水和其他风能利用机械标准的制定、修订和技术归口等标准化方面的工作，并负责与 IEC/TC88 对口联络工作。早期颁布了一些针对小型风电设备的标准。随着近年来大型并网风电机组的快速发展，相关的标准研究和制定工作也明显加快。

中国有现行风力机械标准 59 个，其中并网型风电机组标准 21 个，离网型风电机组标准 38 个。表 1-5 是近年中国相继发布的主要风电相关标准。这些标准主要分为国家标准和行业标准两类：

（1）国家标准（GB/T） 由中国国家质量监督检验检疫总局发布。目前我国的风电相关国家标准主要是参考 IEC 相关的标准，并结合我国实际情况制定，例如国标 GB/T 18451.1—2001 "风力发电机组-安全要求" 主要参考了 IEC 61400—1 标准（1999 版）的内容。

（2）机械行业标准（JB/T） 过去由原机械工业部，后来由现国家发展改革委员会发布的标准。例如，标准 JB/T 10300—2001 "风力发电机组-设计要求"，是以 IEC 61400—1（1999 版）和德国船级社 "风能转换系统认证规则"（1993 版）为基础，并参考相关标准和资料制定。其中有关零部件设计部分的内容参考了 ISO 2394 标准（结构可靠性通则），所要求内容相对更详细，并在附录中给出了载荷计算的简化方法。

表 1-5 并网型风电机组的部分相关标准

标 准 代 号	标 准 名 称	发布时间/年
GB/T 2900.53—2001	电工术语 风力发电机组	2001
GB/T 18451.1—2001	风力发电机组 安全要求	2001
GB/T 18451.2—2003	风力发电机组 功率特性试验	2001
GB/T 19960.1—2005	风力发电机组 1：通用技术条件	2001

（续）

标 准 代 号	标 准 名 称	发布时间/年
GB/T 19960.2—2005	风力发电机组 2：通用试验方法	2001
GB/T 20319—2006	风力发电机组 验收规范	2001
GB/T 20320—2006	风力发电机组 电能质量测量和评估方法	2001
GB/T 19568—2004	风力发电机组装配和安装规范	2001
GB/T 19069—2003	风力发电机组 控制器—技术条件	2003
GB/T 19070—2003	风力发电机组 控制器—试验方法	2003
GB/T 19071.1—2003	风力发电机组 异步发电机—1：技术条件	2003
GB/T 19071.2—2003	风力发电机组 异步发电机—2：试验方法	2003
GB/T 19073—2003	风力发电机组 齿轮箱	2003
GB/T 19072—2003	风力发电机组 塔架	2003
JB/T 10300—2001	风力发电机组 设计要求	2003
JB/T 10194—2000	风力发电机组 风轮叶片	2000
JB/T 10427—2004	风力发电机组 液压系统	2004
JB/T 10425.1—2004	风力发电机组 偏航系统—1：技术条件	2004
JB/T 10425.2—2004	风力发电机组 偏航系统—2：试验方法	2004
JB/T 10426.1—2004	风力发电机组 制动系统—1：技术条件	2004
JB/T 10426.2—2004	风力发电机组 制动系统—2：试验方法	2004
JB/T 10705—2007	滚动轴承 风力发电机轴承	2007
JB/T 18709—2002	风电场风能资源测量方法	2002
JB/T 18710—2002	风电场风能资源评估方法	2002

目前我国的风电机组的整机认证并未采用强制性认证，属于风电设备制造企业的自愿行为，致使国内风电行业的认证门槛较低。国内风电机组的认证标准主要参照 IEC 标准，例如，中国船级社（CCS）于 2008 年颁布的"风力发电机组规范"，主要参考 IEC 61400—1 标准（2005 年版）制定。IEC 标准主要依据欧洲的风况条件，不一定完全符合我国的实际情况。国家能源局、国家标准化管理委员会等正在制定适合我国国情的风电机组整机认证标准。

思 考 题

1. 简述 Smith-Putnam 风电机组的特点。
2. 什么是"丹麦概念风电机组"？
3. 风能具有哪些特点？
4. 什么是水平轴风电机组？什么是垂直轴风电机组？
5. 简述大型水平轴并网风电机组的基本结构。
6. 什么是风电机组认证？

第2章 风能及其转换原理

风力发电机组的功率输出依赖于风与风轮叶片的相互作用，二者缺一不可。了解风能才能更好地利用风能，从这个意义上来说，掌握风力发电原理首先要了解风能的基本特性和风能转换原理。

风轮是接受和转换风能最关键的部件，也是风电机组中最基础的部件之一，风轮叶片在风的作用下产生动力使风轮旋转，将风的水平运动动能转换成风轮转动的动能去带动发电机发电。因此，风力发电的空气动力学问题主要是风轮的空气动力特性，本章在介绍风能特性的基础上，针对风力发电中风能利用的特点阐述风轮的风能转换原理并简要分析风轮空气动力学运行特性。

2.1 风的种类及其特性

2.1.1 风的形成及其基本特性

1. 风的形成

风是一种自然现象，是指空气相对于地球表面的运动，是由于大气中热力和动力的空间不均匀性所形成的。由于大气运动的垂直分量很小，特别是在近地面附近，因此通常讲的风，是指水平方向的空气运动。

17世纪，意大利人托里拆利发明了气压表，并通过实验认识到大气具有质量和压力；法国人帕斯卡发现了大气压力与高度的关系。从那以来，经过几百年的气象观测和研究，人们逐渐认识到，风是由大气内部的气温和气压变化支配。由此可以解释风的起因，并可预测风的行踪。

大气运动的能量来自太阳。由于地球是球形的，因此其表面接收的太阳辐射能量随着纬度的不同而存在差异，因此永远存在南北方向的气压梯度，推动大气运动。

除了气压梯度力外，大气运动还受到地转偏向力、摩擦力和离心力的影响。地转偏向力也称科里奥利力，是由地球自转产生的力，垂直于运动方向，使任何方向的运动在北半球偏向右方，在南半球偏向左方。其大小取决于地球的转速、纬度、物体运动的速度和质量。摩擦力是地表面对气流的拖曳力（地面摩擦力）或气团之间的混乱运动产生的力（湍流摩擦力）。离心力是使气流方向发生变化的力。

空气相对于地表运动过程中，在接近地球表面的区域，由于地表植被、建筑物等影响会使风速降低。我们把受地表摩擦阻力影响的大气层称为"大气边界层"。从工程的角度，通常把大气边界层划分为三个区域：离地面2m以内称为底层；2~100m的区域称为下部摩擦层；100m~2km的区域称为上部摩擦层。底层和下部摩擦层又统称为地面边界层。把2km以上的区域看作不受地表摩擦影响的"自由大气层"，如图2-1所示。

大气边界层内空气的规律十分复杂，目前主要用统计学的方法来描述，在高度方向上的主要特征有以下几方面：

1）由于气温随高度变化引起的空气上下对流运动。

2）由于地表摩擦阻力引起的空气水平运动速度随高度变化。

3）由于地球自转的科里奥利力随高度变化引起的风向随高度变化。

4）由于湍流运动动量垂直变化引起的大气湍流特性随高度变化。

2. 风的尺度

地球表面的大气运动在时间和空间上是不断变化的，在不同的时间和空间尺度范围内，大气运动的变化规律不一样，形成了地球上不同的天气和气候现象，也对风能的利用产生影响（见图 2-2）。一般而言，气流运动的空间尺度越大，则维持的时间也越长。大气运动尺度的分类并无统一标准，一般分为以下四类：

（1）小尺度　空间数米到数千米，时间数秒到数天。气流运动主要包括地方性风和小尺度涡旋、尘卷等。这一尺度范围的风特性对于风电机组的设计产生主要影响。

（2）中尺度　空间数千米到数百千米，时间数分钟到一周。气流运动主要形式包括台风和雷暴等，破坏力最大。

（3）天气尺度　空间数百千米到数千千米，时间数天到数周。一般天气预报的尺度，包括气旋、锋面等大气运动现象。

（4）行星尺度　空间数千千米以上，时间数周。该尺度的大气运动可以支配全球的季节性天气变化，甚至气候变化。

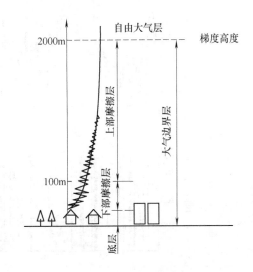

图 2-1　大气边界层

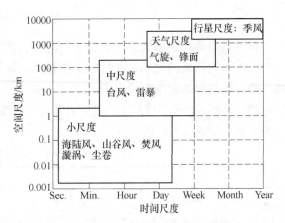

图 2-2　气流运动的空间和时间尺度

3. 风的大小

风的大小通常指风速的大小。图 2-3 给出的是某一时段水平方向实际风速、风向曲线。由图可知，风速和风向在时间及空间上的变化均是随机的。在研究大气边界层风特性时，通常把风看作是由平均风和脉动风两部分组成。可用下面的式子来描述：

$$V(t) = \overline{V} + V'(t) \tag{2-1}$$

式中　$V(t)$ 为瞬时风速，即某时刻空间某点的实际风速；$\overline{V}$ 为平均风速，即某时距内，空间某点各瞬时风速的平均值；$V'(t)$ 为脉动风速，即某时刻，空间某点瞬时风速与平均风速的差值。

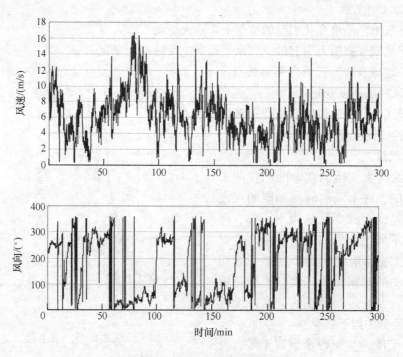

图 2-3　风速和风向时间历程曲线

　　某地点平均风速的大小除取决于时距外，还与所测点的高度有关，我国规定的标准高度为 10m。为表征风的大小，在气象学中将风力作了分级。风力等级是依据风对地面或海面物体影响而引起的各种现象确定的。目前，国际上采用的风速等级仍然是 1805 年英国人蒲福拟定的。他把风力分为 13 级。随着测风技术的发展，在 1946 年，人们又把第 12 级（飓风）分为 6 级，如表 2-1 所示。

表 2-1　蒲福风力等级

风力级数	名称	海面状况		海洋船只征象	陆地地面征象	相当于空旷平地上标准高度 10m 处的风速/（m/s）
		海浪/m				
		一般	最高			
0	静风	—	—	静	静，烟直上	0～0.2
1	软风	0.1	0.1	平常渔船略觉摇动	烟能表示风向，但风向标不能动	0.3～1.5
2	轻风	0.2	0.3	渔船张帆时，每小时可随风移行 2～3km	人面感觉有风，树叶微响，风向标能转动	1.6～3.3
3	微风	0.6	1.0	渔船渐觉颠簸，每小时可随风移行 5～6km	树叶及微枝摇动不息，旌旗展开	3.4～5.4
4	和风	1.0	1.5	渔船满帆时，可使船身倾向一侧	能吹起地面灰尘和纸张，树的小枝摇动	5.5～7.9
5	清劲风	2.0	2.5	渔船缩帆（即收去帆之一部）	有叶的小树摇摆，内陆的水面有小波	8.0～10.7

（续）

风力级数	名称	海面状况		海洋船只征象	陆地地面征象	相当于空旷平地上标准高度 10m 处的风速/(m/s)
		海浪/m				
		一般	最高			
6	强风	3.0	4.0	渔船加倍缩帆，捕鱼须注意风险	大树枝摇动，电线呼呼有声，举伞困难	10.8 ~ 13.8
7	疾风	4.0	5.5	渔船停泊港中，在海者下锚	全树摇动，迎风步行感觉不便	13.9 ~ 17.1
8	大风	5.5	7.5	进港的渔船皆停留不出	微枝拆毁，人行向前，感觉阻力甚大	17.2 ~ 20.7
9	烈风	7.0	10.0	汽船航行困难	建筑物有小损（烟囱顶部及平屋摇动）	20.8 ~ 24.4
10	狂风	9.0	12.5	汽船航行颇危险	陆上少见，见时可使树木拔起或使建筑物损坏严重	24.5 ~ 28.4
11	暴风	11.5	16.0	汽船遇之极危险	陆上很少见，有则必有广泛损坏	28.5 ~ 32.6
12	飓风	14.0	—	海浪滔天	陆上绝少见，摧毁力极大	32.7 ~ 36.9
13	—	—	—	—	—	37.0 ~ 41.4
14	—	—	—	—	—	41.5 ~ 46.1
15	—	—	—	—	—	46.2 ~ 50.9
16	—	—	—	—	—	51.0 ~ 56.0
17	—	—	—	—	—	56.1 ~ 61.2

2.1.2　全球性的风

1. 大气环流

大气环流是全球范围内，由于太阳辐射不均匀，产生赤道和极地的温度和气压差异，导致赤道上空的热空气向极地运动，而极地地面的冷空气向赤道运动的循环状态。1735 年英国人哈德莱（Hadley）首先提出了描述这种纯粹经度方向气流运动的单圈循环模型。该模型由于没有考虑地球转动的影响，只是对赤道和极地比较接近实际情况，在中纬度地区相差较大。

1856 年，美国人费雷尔（Ferrel）考虑地球自转的影响，提出了更接近实际的"三圈环流"大气运动模型（见图 2-4）。以北半球为例，地球表面的大气层由

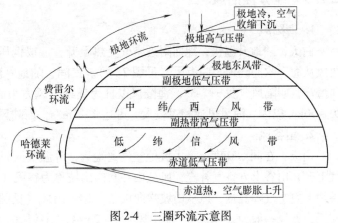

图 2-4　三圈环流示意图

于受太阳辐射形成的气压梯度力和地球自转形成的地转偏向力的共同作用，靠近赤道附近的地球表面受太阳辐射最强，温度最高，空气被加热上升，两侧极地方向的空气过来补充。赤道上空的上升气流受气压梯度影响向极地上空流动，随着纬度的增加，地转偏向力加大，空气运动方向偏转。在纬度30°附近，空气运动与纬圈平行，使赤道上空来的空气受阻，不能朝极地运动，气流下沉，使地面形成"副热带高压"。副热带高压下沉的空气分成南北两支流动，向南的一支受偏向力影响，沿东北方向流向赤道，填补赤道因空气上升形成的负压，形成东北信风带（低纬信风带），这样在赤道和纬度30°之间构成第一个环流圈，称为"哈德莱环流圈"；向北流动的一支，受地转偏向力作用逐渐向东偏转，形成向东方向的气流，称作盛行西风带（中纬西风带）。这些暖气流在北纬60°附近，遇到由北极来的冷空气，被迫向上爬升，出现副极地低压带。一部分上升气流返回副热带高压带，并下沉到地面，于是在纬度30°和纬度60°之间形成第二个环流圈，称为"费雷尔环流圈"。在高纬度地区，由于极地温度低于纬度60°附近区域温度，在热力和偏向力作用下，在极地和纬度60°之间形成第三个环流圈，称为"极地环流圈"。

"三圈环流"模型反映了地球上大气运动的基本情况，与实际的地面气压分布和风的流动比较接近。但是由于该模型为理想模型，没有考虑地球表面的海陆分布、地形变化、地表物性等方面的差异，以及季节、云量等的影响。实际大气环流的情况要复杂得多。从局部看，由于温差也会产生小环流。

2. 季风

季风是随季节变化的风，是在较大的范围内，盛行风向随季节明显变化的反映。季风形成的主要原因是海陆比热不同而造成的热力差异，从而形成了大尺度的、随着季节交替变化的局部热力环流。季风一般以年为周期。例如亚洲地区，冬天大陆比海洋冷，在欧亚大陆的西伯利亚地区形成巨大高压，驱动气流从陆地吹向印度洋和南中国海，所以中国冬季盛行偏北西风。夏季陆地空气比海洋热，在内陆形成接近地面的低压区，海上湿空气流入内陆，因此夏季盛行东南风。冬夏季节不仅风向发生转变，而且气流的干湿也发生转变。

全球性的风中，除了大气环流和季风以外，还有急流和大气长波现象。急流是在高空中风速大于30m/s的狭窄强风带，对于垂直环流的形成和地面气旋的维持起到重要作用。大气长波是在高纬度高层中存在的环绕纬度圈的大气波动现象，对维持全球能量平衡起到重要作用。

2.1.3 地方性的风

1. 海陆风

白天，陆地升温快，地面附近空气受热上升，造成低压，海洋表面温度低，气压相对高，故风从海面吹向陆地，叫海风（见图 2-5a）。夜间，陆地降温快，而海面降温慢，风从陆地吹向海洋，叫陆风（见图 2-3）。海陆风以日为周期，风力小而且范围小，一般影响范围在陆上 20~50km 以内。海风风速相对较大，可达 4~7m/s，而陆风风速一般在 2m/s 左右。

2. 山谷风

白天，在同一高度上，山坡处空气离地近，升温快，而谷地上空空气升温慢，山坡处热空气上升，山谷上方空气补充，风从山谷吹向山坡称为谷风（见图 2-6a）。夜间，情况正好相反，谷地上空空气降温慢，风从山坡吹向山谷，称为山风（见图 2-6b）。山谷风也以日为周期，风速低，谷风一般为 2~4m/s，而山风才 1~2m/s。山谷风的大小还受山谷的地形、植被等影响。

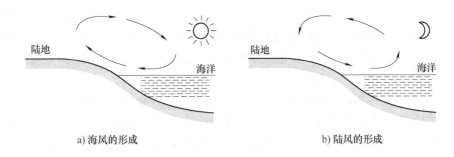

a) 海风的形成　　　　　　　　　　　b) 陆风的形成

图 2-5　海陆风形成示意图

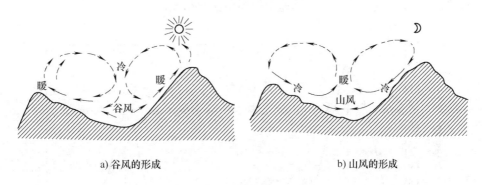

a) 谷风的形成　　　　　　　　　　　b) 山风的形成

图 2-6　山谷风的形成示意图

3. 焚风

气流经过大山脉时，在山后形成的干暖风称为焚风。产生的原因主要有两点，其一，气流在山前有降水，由于释放潜热，使过山气流气温剧升，气流过山后下沉并增温，形成干热的焚风（见图 2-7a）；其二，山前无降水时，气流自上层过山，经绝热压缩使气温升高，在山后形成焚风（见图 2-7b）。

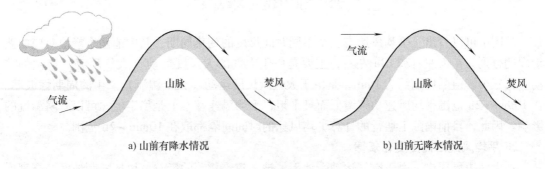

a) 山前有降水情况　　　　　　　　　　b) 山前无降水情况

图 2-7　焚风形成示意图

2.1.4　平均风

1. 平均风速的定义

平均风速是指在某一时间间隔中，空间某点瞬时水平方向风速的数值平均值，用下式表示：

$$\bar{v} = \frac{1}{t_2 - t_1} \int_{t_1}^{t_2} v(t)\,\mathrm{d}t \tag{2-2}$$

上式表明，平均风速的计算，与平均时间间隔 $\Delta t = t_2 - t_1$ 有关，不同的时间间隔，计算的平均风速存在差异。目前国际上通行的计算平均风速的时间间隔都取在 10min～2h 范围。我国规定的计算时间间隔为 10min。在评估风能资源时，为减少计算量，常用 1h 间隔计算平均风速。

平均风速计算时间间隔的确定源自科学家范德豪芬（Van Der Hoven）曾经做过的平均风速特性实测分析结果。范德豪芬（Van Der Hoven）在美国布鲁克海文（Brookhaven）国家实验室 125m 高塔上 100m 高处，对当地的平均风速变化特性进行了多年连续测量，并依据测量数据做出如图 2-8 所示的平均风速功率谱曲线。图中横坐标为平均风速波动周期，即：时间/循环。该曲线反映了平均风速中的周期性波动成份。

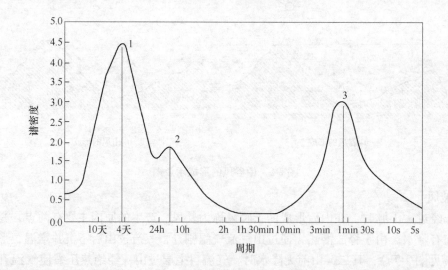

图 2-8　水平风速功率谱曲线

从图中可以看出，平均风速有三个不同时间尺度的变化周期，其中前两个峰值对应的波动周期分别为 4 天左右和 10h 左右，主要是由于大气的大尺度运动（大气环流）产生的波动。第三个峰值的周期约为 1min，是由于大气微尺度运动（大气湍流）产生的周期性波动。在 10min～2h 范围平均风速功率谱低而且平坦，平均风速基本上是稳定值，可以忽略湍流的影响。因此，目前国际上通行的计算平均风速的时间间隔都取在 10min～2h 范围。

2. 平均风速随高度变化规律

在大气边界层中，由于空气运动受地面植被、建筑物等的影响，风速随距地面的高度增加而发生明显的变化，这种变化规律称为风剪切或风速廓线，一般接近于对数分布率或指数分布率。

（1）对数率变化　在距地面 100m 高度范围内，风速与距地面高度之间满足如下对数关系：

$$\bar{v} \propto \ln\left(\frac{z}{z_0}\right) \tag{2-3}$$

式中，$\bar{v}$ 为距地高度 z 处的平均风速，m/s；z 为距地面高度，m；z_0 为地表粗糙长度，m，其取值由表 2-2 给出。

表 2-2　不同地表面状态下的地表粗糙长度值 z_0

地形	沿海区	开阔场地	建筑物不多的郊区	建筑物较多的郊区	大城市中心
z_0/m	0.005 ~ 0.010	0.03 ~ 0.10	0.20 ~ 0.40	0.80 ~ 1.20	2.00 ~ 3.00

（2）指数率变化　目前，多数国家采用经验的指数分布率来描述近地层风速随高度的变化。这时，风速廓线可以表示为

$$\bar{v} = \bar{v}_1 \left(\frac{z}{z_1} \right)^{\alpha} \qquad (2-4)$$

式中，$\bar{v}_1$ 为高度 z_1 处的平均风速；α 为风速廓线经验指数，其取值大小受地面环境的影响，在计算不同高度风速时，可按表 2-3 取值。

表 2-3　不同地表面状态下的风速廓线经验指数值

地面情况	α	地面情况	α
光滑地面，海洋	0.10	树木多，建筑物少	0.22 ~ 0.24
草地	0.14	森林，村庄	0.28 ~ 0.30
较高草地，城市地	0.16	城市高建筑	0.40
高农作物少量树木	0.20		

如果已知 z_1，z_2 两个高度的实际平均风速，则可利用下式计算 α 值。

$$\alpha = \frac{\lg(\bar{v}_2/\bar{v}_1)}{\lg(z_2/z_1)} \qquad (2-5)$$

实测结果表明，用对数律和指数律都能较好地描述风速随高度的分布规律，其中指数律偏差较小，而且计算简便，因此更为通用。

3. 平均风速随时间的变化

大气边界层中的平均风速随时间变化，不同地区变化不同，但有一定的规律性。

（1）平均风速的日变化　由于太阳照射引起地面受热的昼夜变化，导致平均风速在每天范围内也发生相应变化。图 2-9 所示为某地实测的不同高度处的平均风速日变化曲线。由图看出：在离地面较近区域，后半夜至清晨时段的风速较低，白天在午后时段风速达到最大；而在高层（超过 200m）的情况则相反。在 50 ~ 150m 范围内，风速的日变化相对较小。

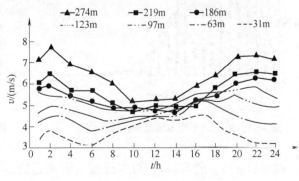

图 2-9　平均风速的日变化

（2）平均风速的季度变化 在世界上几乎所有地区，一年内的平均风速都随着季节发生明显规律性的变化。图 2-10 为美国某地区的一年内平均风功率的变化情况。可以看出，该地区的风功率在冬春季较高，夏秋季较低。风速随季度的变化主要取决于纬度和地貌特征。我国大部分地区，最大风速多在春季，而最小风速多在夏季。

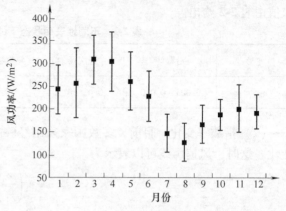

图 2-10 平均风速的季节变化

4. 平均风速分布

平均风速的变化是随机的，但其分布特性存在一定的统计规律性。用概率论和数理统计中的概率分布函数和概率密度函数可以描述风速的统计分布特性。

图 2-11 给出了某地的实测平均风速概率密度曲线。可以用数理统计的方法，用一定的函数关系拟合实测概率密度曲线。在应用中，通常以双参数威布尔分布或瑞利分布来描述平均风速分布。

威布尔分布用下式表示：

$$P(v) = \frac{k}{c} \left(\frac{v}{c} \right)^{k-1} e^{-\left(\frac{v}{c} \right)^k} \tag{2-6}$$

式中，k 为形状系数；c 为尺度系数。

威布尔分布用形状参数 k 和尺度参数 c 来表征。图 2-12 表示了不同形状参数 k 的威布尔分布函数曲线，瑞利分布是威布尔分布在 $k=2$ 时的特例。

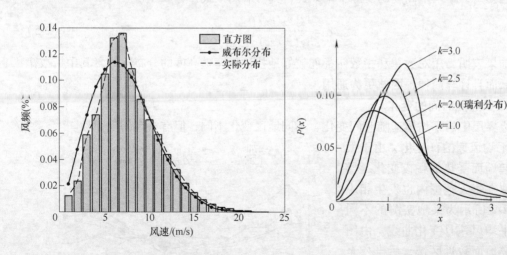

图 2-11 某地的平均风速概率密度曲线　　　　图 2-12 威布尔分布函数概率密度曲线

威布尔分布中的 k 和 c，可以通过实测风速数据求出，这将在"2.2 风的测量与估计"一节中介绍。

5. 平均风向

风向是指风的来向，即风是从哪个方向吹来的。风向用角度来表示，以正北方向为基准 (0°)，按顺时针方向确定风向角度，例如：东风的角度为 90°，南风为 180°，西风为 270°，北风为 360° 等。最常用的方法是把圆周 360° 分成 16 个等分，16 个方位的中心如图 2-13 所示，每一个方位范围是 22.5°。

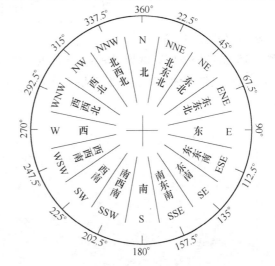

图 2-13　风向方位图

某一风向在一年或一个月中出现的频率常用风向玫瑰图表示。风向玫瑰图中各个圆的半径代表一定的频率值，根据各方向上风出现的频率在其上标出，然后把这些点连起来，如图 2-14a 所示；也可以用风向在 16 个方位上出现的频率来表示，如图 2-14b 所示。

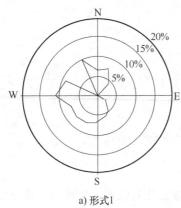

a) 形式1

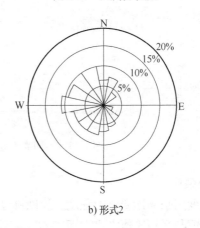

b) 形式2

图 2-14　风向玫瑰图

2.1.5　脉动风

脉动风也是随机变化的，当大气比较稳定时，可以把脉动风看作平稳随机过程，即可用某点长时间的观测样本来代表整个脉动风的统计特性。这里，仅介绍其风速、湍流强度和阵风系数。

1. 脉动风速

由式（2-1）可知，脉动风速为瞬间风速与平均风速的差值，因此，其时间平均值为零，即

$$\bar{v}'(t) = \frac{1}{\Delta t} \int_{t_1}^{t_2} \bar{v}'(t) \, \mathrm{d}t = 0 \tag{2-7}$$

脉动风速的概率密度函数非常接近于高斯分布或正态分布。所以可以将脉动风速的概率

密度函数表示为

$$p(v') = \frac{1}{\sigma\sqrt{2\pi}}\exp\left[-\frac{v'^2}{2\sigma^2}\right]$$ (2-8)

式中，σ 为 v' 的方均根值。

图 2-15 是某处不同高度风速的时间曲线。由图可知，脉动风速随高度的减小而增加，这是由于越接近地面受地貌特征及湿度分布影响越大造成的。

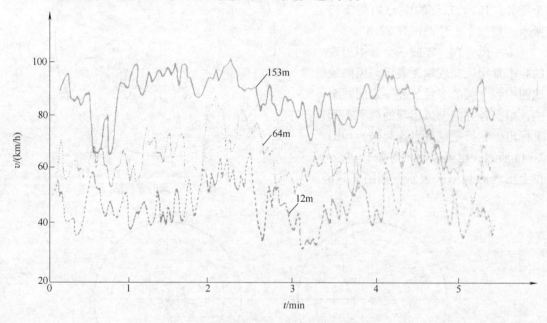

图 2-15   不同高度处的风速时间历程曲线

2. 湍流强度

湍流强度用来描述变化的程度，反映脉动风速的相对强度。把湍流强度 ε 定义为脉动风速的方均根值与平均风速之比，即

$$\varepsilon = \frac{\sqrt{(u'^2 + v'^2 + \omega'^2)/3}}{\bar{v}}$$ (2-9)

式中，u'，v'，ω' 分别为三个正交方向上的脉动风速分量。

三个正交方向上瞬时风速分量的湍流强度分别定义为

$$\varepsilon_u = \frac{\sqrt{u'^2}}{\bar{v}}, \varepsilon_v = \frac{\sqrt{v'^2}}{\bar{v}}, \varepsilon_\omega = \frac{\sqrt{\omega'^2}}{\bar{v}}$$ (2-10)

如果把三个方向定义为：u 是指与平均风速平行方向的分量，也称纵向湍流强度 ε_u；v 是指在水平面内与 u 垂直方向的分量；ω 是指竖直方向的分量。那么在地面边界层中，一般 $\varepsilon_u > \varepsilon_v > \varepsilon_\omega$。在工程中，主要考虑纵向湍流强度 ε_u。

湍流强度不仅与离地面高度 z 有关，还与地表粗糙长度 α 有关。有关文献给出了纵向湍流强度的表达式

$$\varepsilon_u = \frac{1}{\ln(z/\alpha)}[0.867 + 0.5561\lg z - 0.246(\lg z)^2]\lambda \qquad (2\text{-}11)$$

式中，当 $\alpha \leqslant 0.02\mathrm{m}$ 时，$\lambda = 0$；当 $\alpha \geqslant 0.02\mathrm{m}$ 时，$\lambda = \dfrac{0.76}{\alpha^{0.07}}$。

还有的文献给出了 600m 高度以内三个方向的湍流强度计算公式

$$\varepsilon_u = \frac{0.52}{\ln(z/\alpha)}(0.177 + 0.000139z)^{-0.4} \qquad (2\text{-}12)$$

$$\varepsilon_v = \frac{0.52}{\ln(z/\alpha)}(0.583 + 0.00070z)^{-0.8} \qquad (2\text{-}13)$$

$$\varepsilon_\omega = \frac{0.52}{\ln(z/\alpha)} \qquad (2\text{-}14)$$

图 2-16 和图 2-17 分别给出了纵向湍流强度随高度和地表粗糙度长度变化的曲线。由图可知，纵向湍流强度随高度的增加而减小，随地表粗糙度长度的增加而增大。

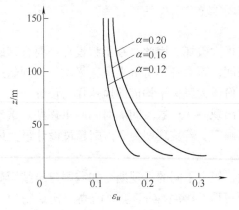

图 2-16 纵向湍流强度随高度的变化曲线

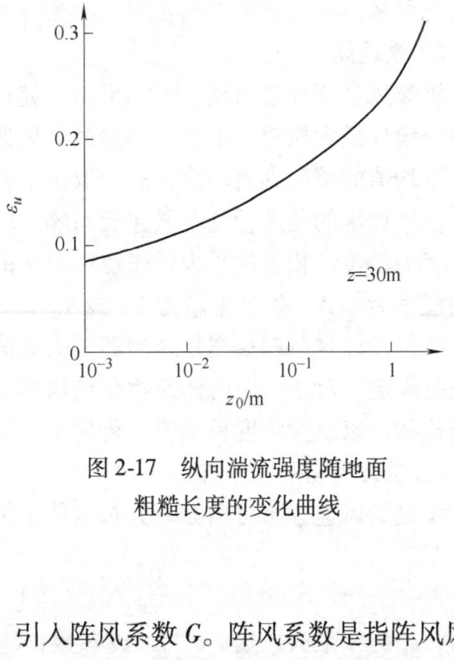

图 2-17 纵向湍流强度随地面粗糙长度的变化曲线

3. 阵风系数

在结构设计中，需要考虑阵风的影响，因此，引入阵风系数 G。阵风系数是指阵风风速与平均风速之比，它与湍流强度有关。湍流强度越大，则阵风系数越大；阵风持续时间越长则阵风系数越小。有关文献给出了如下表达式：

$$G(T) = 1 + 0.42\varepsilon_u \ln\frac{3600}{T} \qquad (2\text{-}15)$$

式中，ε_u 为纵向湍流强度；T 为阵风持续时间。

阵风系数和阵风持续时间的选取要符合设计规范的要求。例如，在玻璃幕墙设计规范中，T 取 10min，$G(T)$ 推荐取 2.25。

2.1.6 极端风

极端风是指平时很少出现的强风，有时它会造成结构的严重损坏。

1. 极端风种类

极端风主要有以下几种:

(1) 热带气旋 热带气旋指在热带海洋上空形成的中心高温、低压的强烈漩涡,是热带低压、热带风暴、台风或飓风的总称。热带气旋中心附近平均最大风速达 12 级以上时称为飓风(台风);10~11 级时称为强热带风暴;8~9 级时称为热带风暴;8 级以下称为热带低压。

(2) 寒潮大风 极地或寒带冷空气大规模向中、低纬度运动称为冷空气活动。冷空气活动中,使某地最低气温下降达5℃以上,或48h内日平均气温最大降温达10℃时,称为寒潮。寒潮往往伴随有大风,其风力在陆地可达5~7级,海上可达6~8级,瞬时最大风速可达12级。

(3) 龙卷风 龙卷风是一种从积雨云底部下垂的漏斗状小范围强烈漩涡。龙卷风在近地面处直径从几米至几百米,在空中的直径可达 3~4km,持续时间一般为几分钟至几十分钟,移动距离从几百米至数千米,最大风速可达 100~200m/s,垂直气流速度可达每秒几十米至几百米。

2. 重现期

极端风虽不经常出现,但如果出现就可能造成极大破坏。因此,在工程设计中要合理确定一个设计最大风速。由于各年份最大风速不尽相同,若取各年份最大风速平均值,则超过这一平均值的情况就会较多,故应取一个大于各年份最大风速平均值的风速作为设计最大风速。从统计学的角度,这个风速要间隔一段时间才出现一次,这段间隔时间叫重现期。重现期以年为单位,相应的最大风速也以一年的资料来确定。若重现期为 N,则超过设计最大风速的概率为 $1/N$,保证率就为 $1-1/N$。

各国设计规范都根据建筑物和结构物的重要性,规定不同的重现期。如我国建筑结构荷载规范规定:对于一般的建筑物和结构物,重现期可取 50 年;对于重要的高层建筑物和高耸结构物,以及大跨度桥梁等,重现期可取 100 年。

3. 最大风速概率分布

年最大风速分布可用如下分布函数来描述

$$P(v_a) = \exp\left\{ -\exp\left[-\frac{1}{a}(v_a - b) \right] \right\} \tag{2-16}$$

式中,v_a 为年最大风速;a 为尺度参数;b 为位置参数。

a 和 b 可由年平均最大风速 $\bar{v}_a$ 及其均方根值 $\sigma_{\bar{v}_a}$ 用下式计算

$$a = \frac{\sqrt{6}\sigma_{\bar{v}_a}}{\pi} = 0.7797\sigma_{\bar{v}_a} \tag{2-17}$$

$$b = \bar{v}_a - 0.44005\sigma_{\bar{v}_a} \tag{2-18}$$

为保证设计最大风速的可信度,应取尽量多的年份样本,一般应取 30~50 年的记录值。图 2-18 给出了某地年最大风速的累计分布曲线。

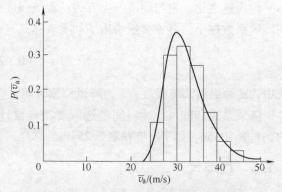

图 2-18 某地年最大风速的累积分布曲线

4. 设计最大风速

设计最大风速可用最大风速累积分布函数来求取。设计最大风速为

$$v_{\mathrm{d}} = \bar{v}_{\mathrm{a}} + \mu \sigma_{\bar{v}_{\mathrm{a}}} \tag{2-19}$$

式中，μ 为保证系数。

保证系数 μ 与保证率 p 的关系为

$$\mu = -\frac{\sqrt{6}}{\pi} \left[0.57722 + \ln(-\ln p) \right] \tag{2-20}$$

表 2-4 给出了不同重现期 N 下的保证系数。

表 2-4 不同重现期 N 下的保证系数

重现期 N/年	30	50	100	1000
保证率 p	0.967	0.980	0.990	0.999
保证系数 μ	2.20	2.59	3.14	4.94

2.1.7 地形地貌对风的影响

在地面边界层，地形、地貌对风速分布、湍流强度等有明显的影响，工程实践中必须予以考虑。

当地面粗糙度由一种类型变为另一种类型时，在两种类型相接触的下风向，要经过一段距离，才能使风的状况重新适应新的粗糙度，这一段距离称为"过渡区"。比如：风由光滑表面到粗糙表面，贴地面层风速首先变小，较高处风速要经过一段距离才由低到高逐渐降到粗糙表面风速廓线的分布。

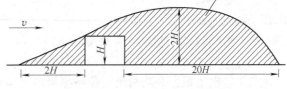

图 2-19 建筑物对风特性的影响

地面建筑物对风速的扰动区范围大小取决于建筑物的形状（宽高比）。图 2-19 和表 2-5 分别给出了所产生的扰动区及扰动区（尾流区）中风速和湍流强度的变化。

表 2-5 建筑物形状对下游风特性的影响

建筑物形状 B/H	下游距离					
	5H		10H		20H	
	风速降低（%）	湍流增强（%）	风速降低（%）	湍流增强（%）	风速降低（%）	湍流增强（%）
4	36	25	14	7	5	1
3	24	15	11	5	4	0.5
1	11	4	5	1	2	—
0.33	2.5	2.5	1.3	0.75	—	—
0.25	2	2.5	1	0.50	—	—
尾流区高度	1.5H		2.0H		3.0H	

注：B 为建筑物宽度，H 为建筑物高度。

地形对风速分布的影响则更大。山丘、山谷、盆地等不仅会改变风的速度分布，还会使

风向产生较大的变化。例如：山丘使山丘顶部风速加大，最明显的加速区在与风向垂直的山丘两侧。表2-6给出了不同地形与平坦地面风速的比值。

表2-6　不同地形与平坦地面风速比值

不同地形	平地平均风速/（m/s）	
	3～5	6～8
山间盆地	0.95～0.85	0.85～0.70
弯曲河谷	0.80～0.70	0.70～0.60
山脊背风坡	0.90～0.80	0.80～0.70
山脊迎风坡	1.20～1.10	1.10
峡谷口或山口	1.40～1.30	1.20

海上风特性与陆地风特性相比有明显的区别：海上年平均风速的威布尔分布形状系数比陆地大，平均风速随高度的变化比较平缓，湍流强度相对较低，风向也比较稳定，如图2-20和图2-21所示。

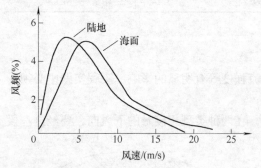

图2-20　海面对平均风速概率分布曲线的影响

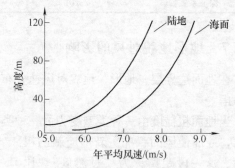

图2-21　海面对风速廓线的影响

表2-7给出了根据海陆两个气象站测量的平均风速的比值。在大风的情况下，比值要比表列数值小些。

表2-7　海上与陆地平均风速比值

离海岸距离/km	年平均风速/（m/s）	
	4～6	7～9
25～30	1.4～1.5	1.2
30～50	1.5～1.6	1.4
>50	1.6～1.7	1.5

2.2　风的测量与估计

测风，主要是测量风向和风速，有了风速，就可以计算出当时气压、温度、湿度下的风能。从工程需要出发，风资源测量时，通常按照表2-8所列项目进行。所有参数应每1s或2s采样一次，计算平均值时，标准时间间隔为10min。测量风速时要在多个高度测量，以确定风的切变特性。测风时间应至少连续一年以上，有效数据不能少于全部测风时间的90%，连续漏测时间不应大于1%年。

表 2-8　基本和可选参数表

项　　目	测量参数	记录值
基本参数	风速/(m/s)	平均值,标准偏差,最大/最小值
	风向/(°)	平均值,标准偏差
	气温/℃	平均值,最大/最小值
可选参数	太阳辐射/(W/m²)	平均值,最大/最小值
	垂直风速/(m/s)	平均值,标准偏差
	大气压/kPa	平均值,最大/最小值
	温度变化/℃	平均值,最大/最小值

2.2.1　风向的测量

测量风向最常用的是风向标（见图 2-22）。风向标一般由尾翼、指向针、平衡锤及旋转轴组成。风向信号的产生有许多方法，如利用环形电位计、光电管和码盘等。在使用环形电位计测风向时，开口（死区）不应超过 8°，并不应接近主风向。而在风力发电机组中常用非接触式的光电管和码盘来测量风向。

图 2-22　大型风力发电机组上的风向标

2.2.2　风速的测量

风速直接测量采用的风速计有许多种形式，有旋转式、压力式、散热式、超声式等。其中压力式风速计中最常用的是皮托管，利用总压探头和静压探头的压力差得到动压，从而计算出风速。散热式风速计最常用的是热线风速仪，其探头为电阻值随温度变化的热敏元件，如铂丝（膜）、钨丝等，利用通电的热敏元件在气流中的散热影响，其温度随气流速度不同而变化来测算出风速。随着技术的进步，出现了利用超声波传播特性等的其他类型风速仪，但由于价格因素，没有应用到运行的风电机组中。需要注意的是，皮托管和热线风速仪都需要准确对风，故在风力发电机组运行中通常都使用旋转式风速仪，而不使用皮托管和热线风速仪。旋转式风速计受风部分通常为风杯（见图 2-23）或螺旋叶片（见图 2-24），其中尤以风杯应用最广，因为杯形风速计不需要随风向改变而对风。

图 2-23　风杯

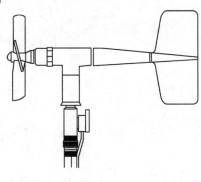

图 2-24　螺旋桨式

由于风杯的凹面和凸面受风压力不等，产生转矩而旋转，其转速与风速成一定关系。风杯转速与风速的关系要用实验标定，并拟合成曲线，风速 v 一般用以下多项式计算：

$$v = a + bN + cN^2 + \cdots \tag{2-21}$$

式中 a 为由阻力矩决定的一个常数，数值即为起动风速；N 为风速计转速；b、c 为风速表的常数，b 是线性部分系数，c 是非线性部分系数，通常 $c \ll b$ （$c \approx b \times 10^{-4}$）。

2.2.3 风能估计

规划建设风力发电场或对风力发电场发电量做出预报，都需要对当地风能资源做出估计。风能资源大小常用风能密度来表示。

风能密度是指垂直于风向，单位面积上单位时间内流过的空气的动能（功率密度），计算公式为

$$W = \frac{1}{2}mv^2 = \frac{1}{2}\rho v \cdot v^2 = \frac{1}{2}\rho v^3 \tag{2-22}$$

由于风速是随时间变化的，因此，常用一段时间的平均值（平均风能密度）来表示，计算公式为

$$\overline{W} = \frac{1}{T}\int_0^T \frac{1}{2}\rho v^3(t)\mathrm{d}t = \frac{\sum_{i=1}^n 0.5\rho v_i^3 t_i}{T} \tag{2-23}$$

式中，t_i 为 v_i 的持续时间；$\sum t_i = T$；n 为时间分段数。

对于风这种随机过程，要比较准确地反映其平均值，需要做长时间的统计测量，并用数学期望值来表示。

由风能的功率密度 $W = \frac{1}{2}\rho v^3$，得平均功率密度的数学期望（均值）为

$$E(W) = E\left(\frac{1}{2}\rho v^3\right) = 0.5\rho E(v^3) \tag{2-24}$$

v^3 的数学期望如下：

$$E(v^3) = \int_0^\infty v^3 P(v)\mathrm{d}v = \int_0^\infty v^3\left[\frac{K}{c}\left(\frac{v}{c}\right)^{k-1}\mathrm{e}^{-\left(\frac{v}{c}\right)^k}\right]\mathrm{d}v$$

$$= \int_0^\infty \left[v^3 \mathrm{e}^{-\left(\frac{v}{c}\right)^k}\right]\mathrm{d}\left(\frac{v}{c}\right)^k = \int_0^\infty c^3\left(\frac{v}{c}\right)^3 \mathrm{e}^{-\left(\frac{v}{c}\right)^k}\mathrm{d}\left(\frac{v}{c}\right)^k \tag{2-25}$$

令 $y = \left(\frac{v}{c}\right)^k$，则有

$$E(v^3) = \int_0^\infty c^3 y^{3/k}\mathrm{e}^{-y}\mathrm{d}y = c^3\Gamma(3/k+1) \tag{2-26}$$

式中，函数 $\Gamma(z) = \int_0^\infty t^{z-1}\mathrm{e}^{-t}\mathrm{d}t(t>0,z>0)$。

威布尔分布的数学期望为

$$E(x) = C\Gamma\left(\frac{1}{K} + 1\right) \tag{2-27}$$

其中分布函数 $P(x) = \dfrac{k}{c}\left(\dfrac{x}{c}\right)^{k-1}\mathrm{e}^{-\left(\frac{x}{c}\right)^k}$ 　　$x > 0$

对比式（2-27）和式（2-26）可见，风速三次方的分布仍然是威布尔分布，其形状参数为 $k/3$，尺度参数为 c^3。因此，估计平均风能密度，就变成了对参数 c，k 的估计。对 c 和 k 的估计，可用最小二乘法、平均风速和标准差法、平均风速和最大风速法等。

1. 最小二乘法估计

若用威布尔分布描述风速分布，则小于某一风速 v_g 的累计风频为

$$P(v \le v_\mathrm{g}) = \int_0^{v_\mathrm{g}} \frac{k}{c}\left(\frac{v}{c}\right)^{k-1}\mathrm{e}^{-\left(\frac{v}{c}\right)^k}\mathrm{d}v = 1 - \mathrm{e}^{-\left(\frac{v_\mathrm{g}}{c}\right)^k} \tag{2-28}$$

取对数

$$\ln[1 - P(v \le v_\mathrm{g})] = -\left(\frac{v_\mathrm{g}}{c}\right)^k$$

再取对数

$$\ln\{\ln[1 - P(v \le v_\mathrm{g})]\} = k\ln\left(\frac{v_\mathrm{g}}{c}\right) = k(\ln v_\mathrm{g} - \ln c) = k\ln v_\mathrm{g} - k\ln c$$

令 $y = \ln\{-\ln[1 - P(v \le v_\mathrm{g})]\}$，$x = \ln v_\mathrm{g}$，$a = -k\ln c$，$b = k$，则以上结果有 $y = a + bx$ 的形式。即可应用最小二乘法拟合。利用这种方法需获得离散的测风数据。具体做法如下：

把得到的风速出现范围划成 n 个风速区间，即 $0 \sim v_1$，$v_1 \sim v_2$，$\cdots$，$v_{n-1} \sim v_n$，并以各段中值代表区间风速值。统计各风速间隔出现的频率 f_1，f_2，$\cdots$，f_n。计算累计频率 $P_1 = f_1$，$P_2 = P_1 + f_2$，$\cdots P_n = P_{n-1} + f_n$。取变换 $x_i = \ln v_i$，$y_i = \ln[-\ln(1 - P_i)]$，其中 $i = 1$，2，$\cdots$，n。

有

$$a = \frac{\sum x_i^2 \sum y_i - \sum x_i \sum x_i y_i}{n\sum x_i^2 - \left(\sum x_i\right)^2}, \quad b = \frac{-\sum x_i \sum y_i + n\sum x_i y_i}{n\sum x_i^2 - \left(\sum x_i\right)^2}$$

则威布尔分布曲线参数 c、k 如下：

$$c = \mathrm{e}^{-\frac{a}{b}}, \quad k = b$$

2. 平均风速和标准差估计

由威布尔分布数学期望（均值）和方差公式：

$$E(v) = c\Gamma\left(\frac{1}{k} + 1\right) \tag{2-29}$$

$$D(v) = c^2\left\{\Gamma\left(\frac{2}{k} + 1\right) - \left[\Gamma\left(\frac{1}{k} + 1\right)\right]^2\right\} \tag{2-30}$$

有

$$\frac{D(v)}{[E(v)]^2} = \frac{\Gamma\left(\frac{2}{k}+1\right)}{\left[\Gamma\left(\frac{1}{k}+1\right)\right]^2} - 1 \qquad (2\text{-}31)$$

如果知道了 $E(v)$ 和 $D(v)$，便可求出 k。由于直接用上式求解比较繁杂，故通常用如下近似关系式求解 k：

$$k = \left(\frac{\sqrt{D(v)}}{E(v)}\right)^{-1.086}$$

由数学期望公式得到

$$c = \frac{E(v)}{\Gamma\left(\frac{1}{k}+1\right)}$$

在应用中，用平均风速 $\bar{v}$ 来估计 $E(v)$ 和 $D(v)$。

$$E(v) \cong \bar{v} = \frac{1}{N}\sum v_i$$

$$D(v) \cong \frac{1}{N}\sum (v_i - \bar{v})^2$$

3. 平均风速和最大风速估计

气象观测规定，最大风速是指在规定时间段内任一个 10min 最大风速值，设 v_{max} 为在时间段 T 内观测到的 10min 平均最大风速，由式（2-28），它出现的概率为

$$P(v \geq v_{max}) = e^{-\left(\frac{v_{max}}{c}\right)^k} = \frac{1}{T} \qquad (2\text{-}32)$$

$$T = e^{\left(\frac{v_{max}}{c}\right)^k}$$

$$(\ln T)^{\frac{1}{k}} = \frac{v_{max}}{c}$$

由数学期望式（2-29），得

$$\Gamma\left(\frac{1}{k}+1\right) = \frac{\bar{v}}{c}$$

$$c = \frac{\bar{v}}{\Gamma\left(\frac{1}{k}+1\right)}$$

有

$$\frac{v_{max}}{\bar{v}} = \frac{(\ln T)^{\frac{1}{k}}}{\Gamma\left(\frac{1}{k}+1\right)} \qquad (2\text{-}33)$$

因此知道了 v_{max} 和 $\bar{v}$，就可以解出 k。根据大量的观测，k 值通常在 $1.0 \sim 2.6$ 之间，此时 $\Gamma\left(\frac{1}{k}+1\right) \approx 0.90$，于是可得到近似解：

$$k = \frac{\ln(\ln T)}{\ln\left(\dfrac{0.90 v_{\max}}{\bar{v}}\right)} \tag{2-34}$$

$$c = \frac{\bar{v}}{\Gamma\left(\dfrac{1}{k}+1\right)} \tag{2-35}$$

由于 $v_{\max}$ 抽样随机性大，年度间有不同，为减小随机性误差，在估计某地平均风能时，应依据 $v_{\max}$ 和 $\bar{v}$ 的多年平均值（最好 10 年以上）。

4. 年均有效风能估计

年均有效风能是指一年中在有效风速范围内的风能的平均密度，可用下式计算：

$$\overline{W}_e = \int_{v_m}^{v_n} \frac{1}{2}\rho v^3 \cdot P'(v)\,\mathrm{d}v \tag{2-36}$$

式中 $v_m \sim v_n$ 为有效风速范围，目前通常为 $3 \sim 25\text{m/s}$，$P'(v)$ 为有效范围内的概率密度函数，依据条件概率定义和连续型随机变量条件密度的概念：

$$P'(v) = \frac{P(v)}{P(v_m \leqslant v \leqslant v_n)} = \frac{P(v)}{P(v \leqslant v_n) - P(v \leqslant v_m)} \tag{2-37}$$

可以得到这个风速范围内的 v^3 的数学期望

$$E'(v^3) = \int_{v_m}^{v_n} v^3 P'(v)\,\mathrm{d}v = \frac{1}{\mathrm{e}^{-\left(\frac{v_m}{c}\right)^k} - \mathrm{e}^{-\left(\frac{v_n}{c}\right)^k}} \int_{v_m}^{v_n} v^3 \frac{k}{c}\left(\frac{v}{c}\right)^{k-1}\mathrm{e}^{-\left(\frac{v}{c}\right)^k}\mathrm{d}v \tag{2-38}$$

在应用中，可以用数值积分的办法得到。于是

$$\overline{W}_e = \frac{1}{2}\rho E'(v^3) \tag{2-39}$$

有时，为计算更精确，可以对空气密度 ρ 作修正。

2.3 风能资源评估及风电场选址概述

我国在评估风能资源时，将年有效风能密度与年风能可利用小时数综合考虑，宏观上通常划分为四类区域，见表 2-9。

表 2-9 风能资源的四类区域

指　标	丰富区	较丰富区	可利用区	贫乏区
年有效风能密度/（W/m²）	>200	200～150	150～50	<50
风速≥3m/s 年累计时数/h	>5000	5000～4000	4000～2000	<2000
风速≥6m/s 年累计时数/h	>2000	2200～1500	1500～350	<350
占全国面积百分比	8	18	50	24

对建设风电场而言，国际上"风电场风能资源评估方法"中分了 7 个级别，见表 2-10。

表 2-10 国际上风电场风能资源等级划分

高度	10m		30m		50m		应用于并网发电
风功率密度等级	风功率密度/(W/m²)	平均风速参考值/(m/s)	风功率密度/(W/m²)	平均风速参考值/(m/s)	风功率密度/(W/m²)	平均风速参考值/(m/s)	
1	<100	4.4	<160	5.1	<200	5.6	
2	100~150	5.1	160~240	5.9	200~300	6.4	
3	150~200	5.6	240~320	6.5	300~400	7.0	较好
4	200~250	6.0	320~400	7.0	400~500	7.5	好
5	250~300	6.4	400~480	7.4	500~600	8.0	很好
6	300~400	7.0	480~640	8.2	600~800	8.8	很好
7	400~1000	9.4	640~1600	11.0	800~2000	11.9	很好

从普查情况看，东南沿海及其岛屿为我国最大风能资源区，三北地区风能资源也很丰富。云、贵、川、河南、湖南西部、福建、广东、广西山区等为我国风能最小的区域。

2.3.1 风能资源评估

风能资源评估是建设风电场首先要做的事，是关系到风电场建设效益好坏的关键。

风能资源评估的目的在于预测风能转化成电能的潜力，要考虑的因素很多，如气象、地理、技术、经济、实施等因素，最主要的评估参数是平均风速、主要风向分布、风功率密度、年风能可利用时间等。平均风速这里主要是年平均风速，即全年瞬间风速的平均值。求取年平均风速，一般要依据该地区 30 年以上，至少是 10 年的每小时或每 10 分钟平均风速数据。同时要在现场安装测风塔实测，实测统计时间至少要一年，且两方面数据要基本一致。一般认为，年平均风速大于 6m/s 的地方才适宜建设风电场。知道了风速和空气密度就可以计算出风功率密度。

主要风向分布和平均风速的取得一样。主要盛行风向和其变化范围也要依据多年统计资料和至少最近一年实测数据，有了风向分布才能决定风电场内发电机组的排列方式。

年风能可利用时间是指一年中风力发电机组在有效风速范围内的运行时间。（一般有效风速范围取 3~25m/s）。

有了以上数据，就可以依据前面的两个表来评价在该地区建设风电场的基本可行性。

2.3.2 风电场选址

1. 宏观选址

所谓宏观选址是指在对气象条件综合考虑后，选择一个最有利用价值的小区域的过程。考虑的因素除前面讲的风能资源外，还要考虑地质、交通、环境、生活、电网、用户等问题，一般要求：

1）风能质量好：平均风速高，风功率密度大，利用小时数高。

2）风向基本稳定：只有一个或相反的两个盛行主要风向将有利于机组的排布。

3）风速变化小：风速随时间和季节变化尽可能小。

4）尽量避开灾难性天气频发地区：灾难性天气如台风、龙卷风、沙暴、雷电等。

5）发电机组高度范围内风速的垂直变化小（垂直切变小）。

6）地形条件好：地形尽可能单一。

7）地质情况能满足塔架基础、房屋建筑施工的要求，远离强地震带等。

8）对环境不利影响小：距居民区和道路有一定安全距离（单一机组距居民区 >200m，大型风电场距居民区 >500m）；避开鸟类飞行路线和候鸟、动物的筑巢区；减少占用的植被面积。

9）尽可能接近电网并考虑并网可能产生的影响。

10）交通方便：考虑设备运输、安装、运行、维护的要求。

2. 风电场微观选址

所谓微观选址就是在宏观选址确定的风力发电场范围内确定风电机组的布置，使整个风电场有较好的经济效益。一般的选址原则是：

（1）考虑地形的影响　平坦地形（通常指在风电场区及周围 5km 范围内地形高度差小于 50m，地形最大坡度小于 3°）：在这样的区域内还要考虑地面障碍物的影响，因为在障碍物下游会造成尾流扰动区，使风速降低，湍流加强，影响机组发电及运行。一般认为，障碍物宽度 b 与高度 h 之比，即 $b/h \leqslant 5$ 时，在下游风向方向会产生 $20h$ 长度的尾流区，b/h 越小减弱越快，b 越大尾流区越长，尾流扰动的高度可达到 $2h$。当机组风轮叶片尖端旋转最低高度大于 $3h$ 时，障碍物在高度上的影响可不计，这个高度最低也要大于 $2h$。如果风电机组安装在障碍物上风方向，其与障碍物要有 $(2 \sim 5)h$ 的距离。

复杂地形（如有山丘、河谷，有大的水面）：在山丘和谷地，要考虑谷地方向与主要盛行风向的关系。当风向与谷地走向一致时，风速将比平坦地形大。当有孤立的小山丘或山峰时，在山丘顶上和山丘与盛行风向相切的两侧上部是最佳的安装机组位置。在临近大海的区域，一般选在近海岸上。表 2-11 给出了不同地形条件下 10m 高度风功率密度和年平均风速的对比。

表 2-11　四类不同地形条件下 10m 高度风能功率密度和年平均风速

风能区	城郊气象站（遮蔽）		开阔平原		海岸带		山脊和山顶	
	风速 /(m/s)	风能 /(W/m²)	风速 /(m/s)	风能 /(W/m²)	风速 /(m/s)	风能 /(W/m²)	风速 /(m/s)	风能 /(W/m²)
丰富区	>4.5	>225	>6.0	>330	>6.5	>372	>7.0	>425
较丰富区	3.0~4.5	155~255	4.5~6.0	225~330	5.0~6.5	262~372	5.5~7.0	296~425
可利用区	2.0~3.0	95~115	3.0~4.5	123~225	3.5~5.0	155~262	4.0~5.5	193~296
贫乏区	<2.0	<95	<3.0	<123	<3.5	<155	<4.0	<193

（2）考虑机组的排列方式　合理排布风力发电机组，是风电场设计要考虑的主要问题。排列过密，机组间相互影响，降低效率，减少发电量，且由于强湍流还会造成机组振动。排列过疏，不能充分利用风能，还增加了道路、电缆和土地的费用。

对于平坦地形，盛行主要风向为一个或相反的两个方向时，一般按矩阵式排列。排列方向与盛行主要风向垂直，且前后两排相互错开。一般来说，行距为 5~9 倍风轮直径，列距为 3~5 倍风轮直径。（有国外资料称，机组前后距离 10 倍风轮直径时，发电效率会降低 20~30%，20 倍距离时就没有影响了。）如果是多盛行风向，一般采用田字型或圆型排布，发电机组间距通常取 10~12 倍风轮直径。

要开发建设一个风力发电场，在前期，一般要经过予研编写项目建议书、编写可行性研究报告、审批等几个阶段。在可行性研究中，除分析项目必要性，风能资源和地质情况调查分析外，还要对机组选型、发电量估算、接入系统方案、工程管理、施工组织、土木工程设计、环境影响评价、工程概算、财务评价及资金来源等做出分析和评价。

2.4 风能转换基本原理

风力发电机组是通过风轮将风能转换为机械能，从而带动发电机发电的，因此本节主要结合风轮的一些空气动力学原理介绍风能转换特性。

2.4.1 叶片上的气动力

1. 叶片翼型

叶片是风轮的主要受风部件，叶片翼型特性决定着风轮本身的气动特性，其几何参数如图 2-25 所示。

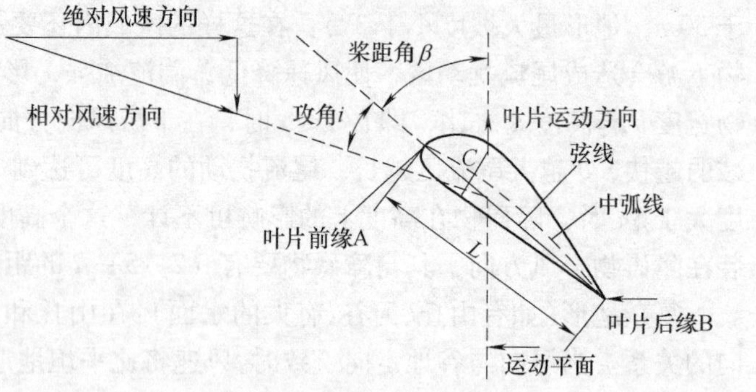

定义如下：

中弧线——翼型周线内切圆圆心连线。

前缘 A——中弧线的最前点。前缘处的内切圆半径称为前缘半径。

后缘 B——中弧线的最后点。后缘处上下弧线的切线之间的夹角称为后缘角。

图 2-25 翼型的几何参数

弦长 L——前后缘之间的连线。

厚度——垂直于弦线方向上翼形上下表面间的距离。最大厚度与弦长的比值称为相对厚度，通常为 10% ~ 15%。

弯度——中弧线到弦线的最大垂直距离。弯度与弦长的比值称为相对弯度。

β——浆距角，是风轮旋转平面与弦线间的夹角。

ι——攻角，是米流速度方向与弦线间的夹角。

2. 空气动力

空气流过叶片时，叶片将受到空气的作用力，称为空气动力。图 2-26 所示为空气流过静止的叶片的情形，而空气流过旋转叶片时的叶片受力情况将在 2.4.2 节的叶素理论中分析。

由于叶片上方和下方的气流速度不同（上方速度大于下方速度），因此叶片上、下方所受的压力也不同（下方压力大于上方压力），总的合力 F 即为叶片在流动空气中所受到的空气动力。此力可分解为两个分力：一个分力 F_1 与气流方向垂直，它使平板上升，

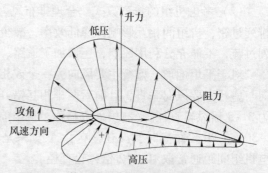

图 2-26 静止叶片在空气中受到的空气动力

称为升力；另一个分力 F_d 与气流方向相同，称为阻力。由空气动力学的基础知识可知，升力和阻力与叶片在气流方向的投影面积 S、空气密度 ρ 及气流速度 V 的二次方成比例，如果引入各自的比例系数，可以用下式来表示叶片受到的合力、升力和阻力：

$$\begin{cases} F = \dfrac{1}{2}\rho C_r S v^2 \\[2mm] F_l = \dfrac{1}{2}\rho C_l S v^2 \\[2mm] F_d = \dfrac{1}{2}\rho C_d S v^2 \end{cases} \tag{2-40}$$

式中，C_r 为总的气动力系数；C_l 为升力系数；C_d 为阻力系数。

升力系数与阻力系数之比称为升阻比，以 ε 表示，则

$$\varepsilon = \frac{C_l}{C_d} \tag{2-41}$$

对于风轮的叶片来说，升力是使风力机有效工作的力，而阻力则形成对风轮的正面压力。为了使风力机很好地工作，就需要叶片具有这样的翼型断面，使其能得到最大的升力和最小的阻力，也就是要求具有很大的升阻比 ε。

3. 影响升力系数和阻力系数的因素

（1）攻角的影响　攻角是风力机运行时影响风轮受力的主要因素，原因在于攻角的改变影响了升、阻力系数的变化。图 2-27 为叶片的升力系数和阻力系数随攻角 i 的变化情况。

从图中可以看出，升力系数与阻力系数均随攻角的变化呈现出阶段性变化。C_l 的变化可分为三个阶段：当攻角为负值且 $i < i_0$ 时，$C_l < 0$，此阶段升力系数为负值；当攻角达到 i_0 时，$C_l = 0$，并随着攻角的增加继续增大，这一阶段 $C_l > 0$ 且不断增大；而当攻角增至 $i_{l\max}$ 时，升力系数升至最大值 $C_{l\max}$ 后开始下降，本阶段风力机处于失速状态，与 $C_{l\max}$ 对应的 $C_{l\max}$ 点称为失速点。

阻力系数的变化可以依据与最小阻力系数 $C_{d\min}$ 对应的攻角 $i_{d\min}$ 分为两个阶段：当 $i < i_{d\min}$ 时，C_d 随 i 的增大而减小；当 $i > i_{d\min}$ 时，C_d 开始随攻角增加而增加。而当 $i = i_{d\min}$ 时，阻力系数 C_d 达到最小值 $C_{d\min}$。

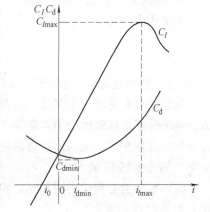

图 2-27　随攻角变化的升力和阻力系数

（2）翼型的影响　翼型的弯度、厚度及前缘的不同，会造成其升力和阻力系数的不同。同一攻角时，随着弯度的增加，其升力、阻力系数都显著增加，但阻力比升力增加得快，使升阻比有所下降；而对于同一弯度的翼型，厚度增加时，对应于同一攻角的升力有所提高，但对应于同一升力的阻力也较大，使升阻比有所下降；另外，当翼型的前缘（即 A 点升高）抬高时，在负攻角情况下阻力变化不大；前缘低垂时，在负攻角时会导致阻力迅速增加。

（3）表面粗糙度和雷诺数的影响 翼型表面的粗糙度，特别是前缘附近的粗糙度，对翼型空气动力特性有很大影响。对于相同翼型的叶片，粗糙度大的或非光滑的叶片的 C_d 值大、C_l 值小，且粗糙度对 C_d 的影响较之对 C_l 的影响更大。

雷诺数表示的是阻滞空气流动的粘性力（即摩擦力）。雷诺数愈小的流动，粘性作用愈大；雷诺数愈大的流动，粘性作用愈小。雷诺数增加时，翼型附面层气流粘性减小，最大升力系数增加，最小阻力系数减小，因而升阻比增加。

2.4.2 风能转换基础理论

通过风轮叶片受力分析，基本了解了风力机为什么可以在风中转动，即为什么可以从风中吸收风能从而转化为机械能，但风力机究竟能从风能中吸收多少风能？获得多大转矩？以及风能吸收的最大效率能有多大呢，……？现仍无法回答这一系列问题，下面将基于风轮的能量转换过程介绍三个重要理论，利用它们可以帮助我们分析和解答这些问题。

1. 风轮动量理论

风轮动量理论也称为贝兹极限理论，可用来描述作用在风轮上的力与来流速度之间的关系，回答风轮究竟从风的动能中转换成多少机械能。为了便于分析计算，这里研究一种理想的情况，即不考虑风轮尾流的旋转，假设：

1）气流是不可压缩的均匀定常流。
2）风轮简化成一个浆盘。
3）浆盘上没有摩擦力。
4）风轮流动模型简化成一个单元流管。
5）风轮前后远方的气流静压相等。
6）轴向力（推力）沿浆盘均匀分布。

由流体力学可知，单位时间内气流流过截面积为 S 的气体所具有的动能为

$$E = \frac{1}{2}mv^2 = \frac{1}{2}\rho S v^3 \tag{2-42}$$

式中，ρ 为空气密度；v 为风流过风轮截面积 S 的速度。

风轮是被简化成一个浆盘，浆盘上没有摩擦力，气流是不可压缩的均匀定常流，风轮前后远方的气流静压相等，流动模型被简化成一个单元流管，如图 2-28 所示。

将一维动量方程用于图 2-28，得到作用在风轮上的轴向力 F 为

$$F = m(v_1 - v_2) = \rho S v(v_1 - v_2) \tag{2-43}$$

式中，v_1 为风轮前来流风速，v_2 为风轮后尾流风速。

作用在风轮上的轴向力 F 还可以表示为

$$F = S(p_a - p_b) \tag{2-44}$$

式中，p_a 为风轮前的静压，p_b 为风轮后的静压。

由伯努利方程可得

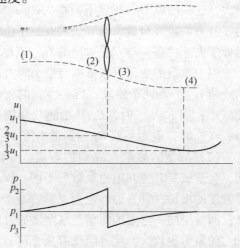

图 2-28 风轮流动的单元流管模型

$$\frac{1}{2}\rho v_1^2 + p_1 = \frac{1}{2}\rho v^2 + p_a \tag{2-45}$$

$$\frac{1}{2}\rho v_2^2 + p_2 = \frac{1}{2}\rho v^2 + p_b \tag{2-46}$$

因为假设风轮远方的气流静压相等，即 $p_1 = p_2$，由式（2-45）和式（2-46）可得

$$p_a - p_b = \frac{1}{2}\rho(v_1^2 - v_2^2) \tag{2-47}$$

将式（2-47）代入式（2-44）可得

$$F = \frac{1}{2}\rho S(v_1^2 - v_2^2) \tag{2-48}$$

由式（2-43）和式（2-48）可得

$$v = \frac{v_1 + v_2}{2} \tag{2-49}$$

这表明流过风轮的速度是风轮前来流风速和风轮后尾流速度的平均值。根据能量方程，风轮吸收的能量（风轮轴功率 P）等于风轮前后气流动能之差

$$P = \frac{1}{2}m(v_1^2 - v_2^2) = \frac{1}{2}\rho Sv(v_1^2 - v_2^2) \tag{2-50}$$

将式（2-49）代入式（2-50）可得

$$P = \frac{1}{2}\rho S\left(\frac{v_1 + v_2}{2}\right)(v_1^2 - v_2^2) \tag{2-51}$$

当 $\dfrac{\mathrm{d}P}{\mathrm{d}v_2} = \dfrac{1}{4}\rho S(v_1^2 - 2v_1v_2 - 3v_2^2) = 0$ 时，则 P 出现极值，求解后得 $v_2 = -v_1$ 和 $v_2 = v_1/3$，所以只取 $v_2 = v_1/3$。此时，P 取最大值，即

$$P_{max} = \frac{8}{27}\rho Sv_1^3 \tag{2-52}$$

定义风轮轴功率系数（又称风能利用系数）C_P 为

$$C_P = \frac{P}{E} = \frac{可提取的风能}{输入的风能} \tag{2-53}$$

式中，E 为输入的风能，即风轮前风的能量（动能）。由式（2-52）和（2-53）可以推得风力机的理论最大效率（或称理论风能利用系数）

$$C_{Pmax} = \frac{P_{max}}{\frac{1}{2}\rho Sv_1^3} = \frac{16}{27} \approx 0.593 \tag{2-54}$$

因此，当 $v_2 = v_1/3$ 时，风轮的功率系数最大，$C_{Pmax} \approx 0.593$，此值称之为贝兹（Betz）极限。该式说明，风力发电机从自然风中所能索取的能量是有限的。它表示在理想情况下，

风轮最多能吸收 59.3% 的风的动能，也就是说其理论最大效率值为 0.593，其主要损失部分可以解释为留在尾流中的动能。

2. 风轮叶素理论

叶素理论的基本出发点是将风轮叶片沿展向分成若干个微元，这些微元称为叶素。假设气流在每个叶素上的流动相互之间没有干扰，即叶素可以看成二维翼型，通过对叶素的受力分析求得作用在每个叶素上的力和转矩，再将所有微元转矩和力相加得到风力发电机叶片上的力和转矩。

在风轮半径 r 处取一长度为 dr 的叶素，其弦长为 l，节距角为 β。

如图 2-29 所示，假设风轮始终正对风向，吹过风轮的轴向风速为 v，风轮转速为 $u = \omega \cdot r$（ω 为风轮角速度），由于

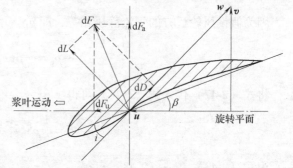

图 2-29　叶素受力分析

这里不是静止的叶片而是转动的叶片，所以气流相对于叶片的相对速度 w 为

$$w = v - u \tag{2-55}$$

由 2.4.1 节可知，叶素 dr 在相对速度为 w 的气流作用下，受到一个方向斜向上的气动力 $d\boldsymbol{F}$ 的作用。将 $d\boldsymbol{F}$ 沿与相对速度 w 垂直及平行的方向分解为升力 $d\boldsymbol{L}$ 和阻力 $d\boldsymbol{D}$，当 dr 很小时，可以近似的将叶素面积看成弦长与叶素长度的乘积，即 $dS = ldr$，由式（2-40）可得

$$\begin{cases} dL = \dfrac{1}{2}\rho C_l l w^2 dr \\ dD = \dfrac{1}{2}\rho C_d l w^2 dr \end{cases} \tag{2-56}$$

式中，C_l 为升力系数；C_d 为阻力系数。气动力 dF 按垂直和平行于旋转平面方向可分解为 dF_a 和 dF_u，

$$\begin{cases} dF_a = \dfrac{1}{2}\rho C_a l w^2 dr \\ dF_u = \dfrac{1}{2}\rho C_u l w^2 dr \end{cases} \tag{2-57}$$

式中，C_a、C_u 分别为法向力系数和切向力系数，即

$$\begin{cases} C_a = C_l \cos I + C_d \sin I \\ C_u = C_l \sin I - C_d \cos I \end{cases} \tag{2-58}$$

风轮转矩 dT 由气动力 dF 在旋转平面上的分力 dF_u 产生，即

$$dT = r \cdot dF_u = r(dL \cdot \sin I - dD \cdot \cos I) \tag{2-59}$$

式中，I 为倾角，为桨距角 β 与攻角 i 之和。

将式（2-56）代入式（2-59），且令升阻比 $\varepsilon = C_l/C_d$，则得到叶素 dr 的转矩微元 dT 计算公式如下：

$$dT = \dfrac{1}{2}\rho r l w^2 C_l \cdot \sin I \left(1 - \dfrac{1}{\varepsilon} \cdot \cot I \right) dr \tag{2-60}$$

风轮的总转矩 T 是由风轮叶片所有叶素的转矩微元 dT 之和。根据 $P = T\omega$ 同样可以由总转矩得到风力机吸收总的风能。

3. 涡流理论

上面的理论研究均为理想情况，实际上当气流在风轮上产生转矩时，也受到了风轮的反作用力，因此，在风轮后会产生向反方向旋转的尾流。而叶素理论是建立在风轮叶片无限长的基础之上的，实际中风轮叶片不可能是无限长的。对于有限长的叶片，风在经过风轮时，

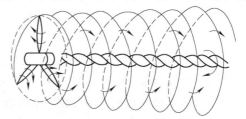

叶片表面的气压差也会产生围绕叶片的涡流，这样在实际旋转风轮叶片后缘就会拖出尾涡，对风速造成一定影响。因为存在尾流和涡流影响，风轮叶片下游存在着尾迹涡，它形成两个主要的涡区：一个在轮毂附近，一个在叶尖（见图 2-30）。当风轮旋转时，通过每个叶片尖部的气流的迹线为一螺旋线，因此，每个叶片的尾迹涡形成了螺

图 2-30　风速的涡流系统

旋形。在轮毂附近也存在同样的情况，每个叶片都对轮毂涡流的形成产生一定的作用。此外，为了确定速度场，可将各叶片的作用以一边界涡代替。

由涡流引起的风速可看成是由下列三个涡流系统叠加的结果：

1）中心涡，集中在转轴上。

2）每个叶片的边界涡。

3）每个叶片尖部形成的螺旋涡。

基于以上的理论分析，对于空间某一给定点，可以认为其风速是由非扰动的风速和由涡流系统产生的风速之和。涡流系统对风力发电机的影响可以分解为对风速和对风轮转速两方面。

假设涡流系统通过风轮的轴向速度为 v_a，旋转速度为 u_a。由于涡流形成的气流通过风轮的轴向速度 v_a 与风速方向相反，旋转速度 u_a 方向与风轮转速方向相同，矢量图如图 2-31 所示。所以，在涡流系统影响下的风速由 v 变为 $v - v_a$，风轮转速由 u 变为 $u + u_a$。

假定

$$v_a = a \cdot v; \quad u_a = b \cdot u \tag{2-61}$$

式中，a、b 分别为轴向诱导速度系数和切向诱导速度系数，表示涡流对风速、风轮角速度的影响程度。

考虑涡流对风速的影响时，风速为 $v - v_a$，即 $(1 - a) v$，风

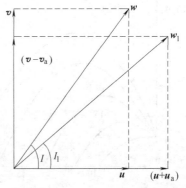

图 2-31　涡流影响下的速度矢量图

轮转速为 $u + u_a$，即 $(1 + b) u$。因为相对风速 w 为风速和风轮转速的矢量和，倾角为相对风速与风轮转速间的夹角，则叶素理论中相对风速及对应倾角也发生相应变化：

$$w_1 = \sqrt{\left[(1 - a)v \right]^2 + \left[(1 + b)u \right]^2} \tag{2-62}$$

$$I_1 = \arctan \frac{(1 - a)v}{(1 + b)u} \tag{2-63}$$

因此，在计算中如考虑涡流效应可根据公式（2-62）和式（2-63）对叶素理论中的相对风速 w_1 及对应倾角 I_1 进行修正。

2.5 风力机的特性

2.5.1 风轮空气动力特性

风力机基本特性，即风轮的空气动力特性，通常由一簇包含风能利用系数 C_P 和叶尖速比 λ 的无因次性能曲线来表达。叶尖速比可以表示为

$$\lambda = \frac{R\omega_r}{v} \tag{2-64}$$

式中，ω_r 为风力机风轮角速度（rad/s）；R 为叶片半径（m）；v 为主导风速（m/s）。

C_P 代表了风轮从风能中吸收功率的能力，它是叶尖速比 λ 和桨距角 β 的高阶非线性函数，理论研究中可采用以下函数计算[31]：

$$C_P(\beta, \lambda) = 0.22\left(\frac{116}{\lambda_i} - 0.4\beta - 5\right)e^{\frac{-12.5}{\lambda_i}} \tag{2-65}$$

$$\frac{1}{\lambda_i} = \frac{1}{\lambda + 0.08\beta} - \frac{0.035}{\beta^3 + 1}$$

根据式（2-65），风能利用系数随叶尖速比变化的曲线如图 2-32 所示。

从图上首先可以看到 $C_P(\lambda)$ 曲线对桨距角的变化规律：当叶片桨距角逐渐增大时，$C_P(\lambda)$ 曲线将显著地缩小。如果保持桨距角不变，用一条曲线就能描述出它作为 λ 的函数的性能和表示从风能中获取的最大功率。图 2-33 是一条典型的定桨距风力机 $C_P(\lambda)$ 曲线。

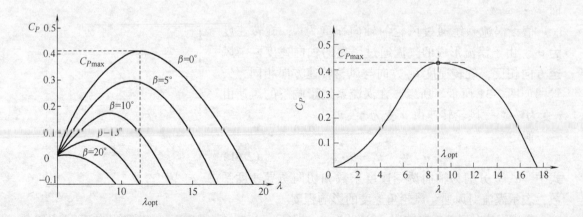

图 2-32 风力机性能曲线   图 2-33 定桨距风力机性能曲线

定桨距风力机转速不变，只有很少机会运行在最佳点；对于变速风机，转速可变，可以通过控制其转速而保持叶尖速比恒定在 $C_{P\max}$ 点。根据风力机的能量转换公式，风力机从风中捕获的机械功率为

$$P = \frac{1}{2}\rho S C_P v^3 \tag{2-66}$$

因此，在风速给定的情况下，叶轮获得的功率将取决于风能利用系数。如果在任何风速下，风力机都能在 C_{Pmax} 点运行，便可增加其输出功率。根据图 2-33，在任何风速下，只要使得风轮的尖速比 $\lambda = \lambda_{opt}$，就可维持风力机在 C_{Pmax} 下运行，λ_{opt} 称为最佳叶尖速比。使风力机维持在最佳叶尖速比运行，主要通过控制风力机转速来实现，这时风力机从风能中获取的机械功率为

$$P = \frac{1}{2}\rho S C_{Pmax} v^3 \tag{2-67}$$

2.5.2　风力机的运行特性

1. 定桨距风力机的运行特性

由于定桨距风力机桨距角不能改变，其运行特性可参照图 2-33，在其运行过程中还应注意以下两个问题：

（1）设定转速对输出功率的影响　恒速运行的风力发电机的功率输出与机组设定转速密切相关。如果设定一个低的转速，功率将在一个低风速下达到最大，这样产生的功率是很小的。为了在更高的风速中获取能量，风力发电机必须运行在失速条件下，这样效率很低。反之，如果设定转速为高转速，则在较低风速条件下，由于叶尖速比过高而导致运行效率低下。

如果在低风速条件下，采用较低旋转速度的发电机，同时在高风速下通过切换采用较高旋转速度的发电机，这样可以获取更高的功率，由此产生双速风力发电机。双速风力发电机在一定程度上解决了定桨距风力机转速难以设定的问题，而且在低风速中采用较低的旋转速度减小了切入风速，增加了能量捕获。

（2）桨距角设定对功率输出的影响　影响功率输出的另一个参数是桨距角的设定。叶片一般设计成扭曲的，即不同半径处的桨距角是不同的，但可以在根部进行全部桨距角的设定。桨距角的一个小变化可以对功率输出产生显著的影响。正的桨距角设定增大了叶片各处实际桨距角，减小了攻角。反之，负的桨距角设定增加了攻角，并可能导致失速的发生。为特定的风况条件中最佳运行而设计的风力机，只要适当地调节叶片桨距角和转速，也可以用在其他风况中。

2. 变桨距风力机的运行特性

由于采用主动桨距角控制可以克服定桨距/被动失速调节的许多缺点，因此目前大型风力发电机组均采用变桨距风力机。变桨距控制的最重要应用是功率调节，同时变桨距控制还有其他优点。采用一个小的正桨距角时可以在叶轮启动时产生一个大的启动转矩；在关机时一般采用 90°桨距角，这样可以降低叶轮的空转速度以便制动，正 90°桨距被称为"顺桨"。变桨距控制的主要缺点是可靠性降低和成本增加。变桨距风力机的控制原理将在第 5 章中详细介绍。对于变桨距风力机，转速是风力机运行时的重要参数，因此风力机的运行特性可以用风力机转速-输出功率曲线来描述，其中以风速和桨距角作为参数。图 2-34 为某风力机风速作为参数及 $\beta = 0$ 的功率曲线。

粗线为最佳风能转换效率（$\lambda = \lambda_{opt}$）的运行轨迹，它对应着不同风速下的最佳运行转速。图 2-35 为桨距角作为参数及 $V = 12\text{m/s}$ 的功率曲线。

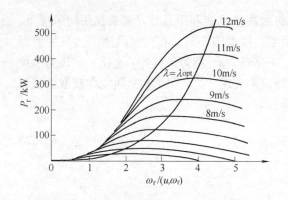

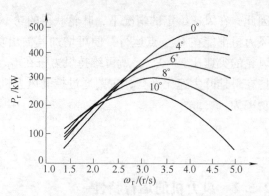

图 2-34 风速作为参数及 $\beta=0$ 的风轮功率   图 2-35 桨距角作为参数及 $V=12\mathrm{m/s}$ 的功率

从理论上讲，风力机输出功率可以随风速的增加而无限提高。但实际上，由于机械强度和电力电子器件容量的限制，输出功率是有限度的，超过这个限度，风力发电机组的某些部分便不能工作。因此变速风力机并不是按照它的基本特性在任何条件下运行的，而要受到两个基本限制：

1）功率限制：发电机与其它电气部件受功率限制。

2）转速限制：叶片的结构强度受转速限制。

图 2-36 是在不同风速下的转矩-转速特性。由转矩、转速和功率的限制线划出的区域为风力机安全运行区域，即图中由 OAdcbC 所围的区域，在这个区间中有若干种可能的运行方式。恒速运行的风力机的工作点为直线 XY。从图上可以看到，恒速风力机只有一个工作点运行在 $C_{P\max}$ 上。变速运行的风力机的工作点是由若干条曲线组成，其中在额定风速以下的 ab 段运行在 $C_{P\max}$ 曲线上。a 点与 b 点的转速，即变速运行的转速范围。由于 b 点已达到转速极限，此后直到最大功率点，转速将保持不变，即 bc 段为转速恒定区，运行方式与定桨距风力机相同。在 c 点，功率已达到限制点，当风速继续增加，风力机将沿着 cd 线运行以保持最大功率，但必须通过某种控制来降低 C_P 值，限制气动力转矩。如果不

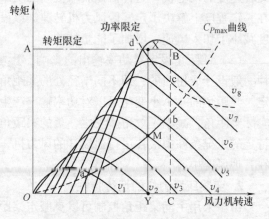

图 2-36 不同风速下的转矩-转速特性

采用变距方法，那就只有降低风力机的转速，使叶片失速程度逐渐加深以限制气动力转矩。从图上可以看出，在 a—b—c 段运行时，变速风力机并没有始终运行在最大 C_P 线上，而是由两个运行段组成。除了风力机的旋转部件受到机械强度的限制原因以外，还由于在保持最大 C_P 值时，风轮功率的增加与风速的三次方成正比，需要对风轮转速或叶片桨距作大幅调整才能稳定功率输出。这些将给控制系统的设计带来困难。

2.5.3 实度对风力机特性的影响

在讨论风力机特性时，有一个参数必须考虑，即叶轮的实度。风力机叶片的投影面积所

占风轮面积的比例称为实度 σ（见图 2-37）。水平轴风力机实度如下式表示：

$$\sigma = \frac{BS}{\pi R^2} \tag{2-68}$$

式中，B 为叶片个数；S 为叶片对风投影面积。实度可以通过改变叶轮的叶片数量改变，也可以通过改变叶片的弦长来改变。

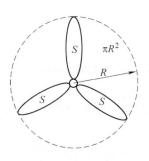

图 2-37　实度

实度变化对风能利用系数的主要影响如图 2-38 所示。由图可以看出：

1）低实度产生一个宽而平坦的曲线，这表示在一个较宽的叶尖速比范围内 C_P 变化很小，但是 C_P 的最大值较低，这是因为阻尼损失较高（阻尼损失大约与叶尖速比的三次方成比例）。

2）高实度产生一个含有尖峰的狭窄的性能曲线，这使得风轮对叶尖速比变化非常敏感，并且，如果实度太高，C_P 最大值将相对较低，$C_{P\max}$ 的降低是由失速损失所造成的。

3）由图可以看出，三叶片产生最佳的实度，当然，两叶片也是可以接受的选择，虽然它的 C_P 最大值稍微低一点，但峰值较宽，这样可以在较大的风速范围内捕获更多的风能。

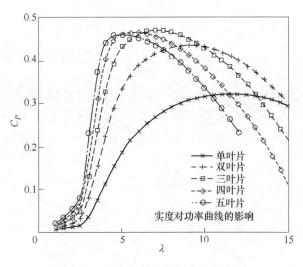

图 2-38　叶片实度的变化对 C_P 的影响

思 考 题

1. 什么是风?
2. 什么是平均风?
3. 什么是脉动风?
4. 简述大气环流的"大气环流"模型?
5. 简述海陆风的形成原因及其特点。
6. 简述山谷风的形成原因及其特点。
7. 简述焚风的形成原因及其特点。
8. 为什么国际上通行的计算平均风速的时间间隔都取在 10min 至 2h 范围?
9. 什么是风速廓线?
10. 通常以何种分布来描述平均风速的统计分布特征?
11. 什么是风向玫瑰图?
12. 什么是湍流强度?
13. 极端风主要有哪些种类?
14. 什么是极端风的重现期?
15. 风在静止叶片上的空气动力是如何形成的?
16. 什么是动量理论?
17. 什么是叶素理论?
18. 什么是风能利用系数?
19. 什么是叶尖速比?
20. 什么是风轮的实度?

第 3 章　风力发电机组的结构

风力发电机组是实现将风能转换成电能的设备。现代并网风电机组在过去几十年的发展过程中，一直以提高风能利用规模和降低风力发电成本为目标，设计研发了许多类型和式样的风电机组。随着认识的深入、使用的需要及技术的进步，目前已逐步趋向少数几种结构形式。例如，大型风力发电机组几乎全部是水平轴、三叶片风力发电机组。

本章主要介绍大型水平轴并网风电机组的基本结构。有关垂直轴风电机组的介绍参见第 6 章，离网型风电机组的介绍参见第 7 章。

3.1　水平轴风电机组概述

3.1.1　风电机组的基本结构、性能和类型

1. 基本结构

大型水平轴并网风电机组的基本外观结构如图 3-1 所示，风电机组主要由风轮、机舱、塔架和基础等部分组成。风轮和机舱置于塔架顶端，机舱内包括风轮主轴、传动系统、发电机等部件。机舱内的所有部件安装在主机架上，主机架通过轴承与塔架顶端相连接，可以在偏航系统的驱动下，相对于塔架轴线旋转，使风轮和机舱随着风向的变化调整方向。塔架固定在基础上，将作用于风轮上的各种载荷传递到基础上。

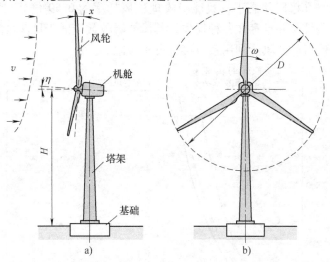

图 3-1　电机组基本结构和参数

风电机组基本功能结构如图 3-2 所示。风轮是实现风能转换成机械能的部件，其上安装若干个叶片，叶片根部与轮毂相连。风以一定速度和攻角作用于叶片上，使叶片产生转矩，驱动风轮主轴旋转，将风能转换成旋转机械能。风轮主轴经传动系统带动发电机转子旋转，

进而将旋转机械能转换成电能。机组通过控制系统实现在各种工况条件下的运行控制。

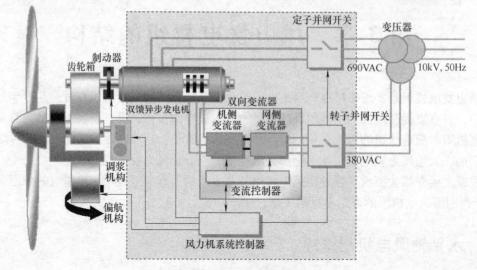

图 3-2 双馈风力发电机系统结构

2. 基本性能

风电机组的基本性能主要指其吸收和转化风能的性能,即风轮的气动性能。功率特性是反映风电机组基本性能的重要指标,用风电机组输出功率随风速的变化曲线(P-v)来表示,也称作风电机组的功率曲线。功率曲线直接影响风电机组的年发电量。图 3-3 所示为不同风速对应的理论风功率曲线、根据贝茨理论计算的理想风轮吸收风功率曲线以及风力发电机组的实际功率曲线。其中理论风功率与风速的三次方成正比,而根据贝茨定理,理想风轮只能吸收部分风功率(极限状态下,只能吸收理论风功率的 0.59 倍),实际风电机组的风轮不满足理想风轮条件,并且存在各种损失,其风能吸收数量低于贝茨极限。风电机组的发展过程,一直追求使机组的风能利用系数接近贝茨极限。

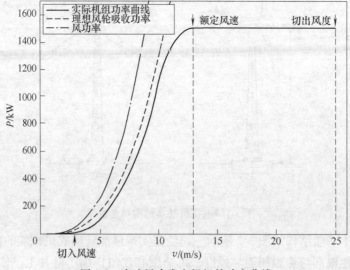

图 3-3 变速风力发电机组的功率曲线

从实际风电机组的功率曲线看，根据不同的风速状态，风电机组的运行状态可以分为四个区域：

1）风速低于某一较低值时，例如图中的3m/s，由于风能较小，风电机组不进行并网发电。这一风速称为切入风速。

2）风速在切入风速和额定风速之间时，风电机组进行并网发电。在此风速区域内，发电功率随着风速的增加而相应增大。

3）当风速超过额定风速时，由于风轮输出功率超过了风电机组的额定功率，需要对风轮的风能吸收量进行控制，使风轮的输出功率保持在额定功率范围以内。

4）当风速大到一定程度，将会影响风电机组的安全，因此在某一风速下，需要将风电机组脱离并网发电状态，实现停机。对应的风速称为切出风速。

风电机组的性能除了气动性能以外，载荷特性对于风电机组的设计也起到重要作用。

3. 主要机组类型

（1）上风向机组和下风向机组　水平轴风电机组根据在运行中风轮与塔架的相对位置，分为上风向风力发电机组和下风向风力发电机组，如图3-4所示。

上风向机组的风轮位于塔架和机舱前端，在工作时，来风首先吹向风轮，因而塔架和机舱对来风的扰动较小，但需要有偏航驱动装置，保证风轮始终朝向来风方向。下风向机组的风轮位于塔架和机舱后端，在工作时，来风先经过塔架和机舱，然后再吹向风轮，因此塔架和机舱对来风扰动较大，影响风轮的风能吸收量，但是下风向机组可以实现自动对风，不需要偏航驱动装置。

目前实际应用的风电机组以上风向机组为主，下风向机组较为少见。

（2）失速机组与变桨机组　当风速超过额定风速时，为了保证发电机的输出功率维持在额定功率附近，需要对风

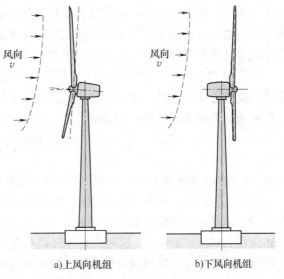

a)上风向机组　　　　b)下风向机组

图3-4　上风向和下风向风力发电机组

轮叶片吸收的气动功率进行控制。对于确定的叶片翼型，在风作用下产生的升力和阻力主要取决于风速和攻角i，在风速发生变化时，通过调整攻角，可以改变叶片的升力和阻力比例，实现功率控制。

按照功率调节方式不同，分为失速调节和变桨距调节，相应的风电机组结构也不相同。

失速调节方式主要利用叶片的气动失速特性，即当入流风速超过一定值时，在叶片后端将形成湍流状态，使升力系数下降，而阻力系数增加，从而限制了机组功率的进一步增加。失速调节又分为被动失速和主动失速两种类型。

被动失速机组叶片与轮毂采用固定连接，叶片的桨距角不能发生变化，因此也被称为定桨距风电机组。其主要优点是结构简单；缺点是不能保证超过额定风速区段的输出功率恒定，并且由于阻力增大，导致叶片和塔架等部件承受的载荷相应增大。此外，由于被动失速

机组的叶片桨距角不能调整，没有气动制动功能，因此定桨距叶片在叶尖部位需要设计专门的制动机构。

主动失速机组同样利用叶片的失速特性实现功率调节，但其叶片与轮毂不是固定连接，叶片可以相对轮毂转动，实现桨距角调节。当机组达到额定功率后，使叶片向桨距角 β 向减小的方向转过一个角度，增大来风的攻角 i，使叶片主动进入失速状态，从而限制功率。主动失速机组改善了被动失速机组功率调节的不稳定性，但是增加了桨距调节机构，使设备变得复杂。

变桨距机组的叶片和轮毂同样不是固定连接，叶片桨距角可调。与主动失速机组不同的是，变桨距机组在超过额定风速范围时，通过增大叶片桨距角 β，使攻角 i 减小，以改变叶片升力 F_l 与阻力 F_d 的比例，达到限制风轮功率的目的，使机组能够在额定功率附近输出电能。变桨距机组在高于额定风速区域可以获得稳定的功率输出，但也同样由于需要变桨距调节机构，设备结构复杂，可靠性降低。

变桨距机组在风电机组发展的早期就曾用于实现功率调节，但是由于对风力发电特点的研究不足，所设计的变桨距机构的可靠性达不到正常运行要求，反而是失速机组率先实现了商业化运行。在20世纪90年代投入运行的风电机组大都采用定桨距失速控制的机组。但是随着风电机组容量的不断增大，失速机组结构载荷大、功率条件不稳定等问题逐渐突出，变桨距机组又重新受到重视，目前的大型兆瓦级风电机组普遍采用变桨距控制技术。

（3）带增速齿轮箱的风电机组、直驱风电机组和半直驱风电机组　风电机组通过传动系统连接风轮和发电机，把风轮产生的旋转机械能传输到发电机，并使发电机转子达到所需要的转速。并网风电机组所用交流发电机的同步转速为

$$n = \frac{60f}{p}(\text{r/min}) \tag{3-1}$$

式中，p 为发电机磁极对数；f 为电网频率，在我国，$f = 50\text{Hz}$。

由于风轮转速一般较低，约 $10 \sim 20\text{r/min}$，而发电机要输出50Hz的交流电功率，当发电机的磁极对数不同时，要求转子的转速也不同。例如当磁极对数为2时，要求发电机其转子转速在1500r/min左右，这时需要在风轮与发电机组之间用齿轮箱进行增速。如果发电机组的极对数足够大，使得发电机转速与风轮转速接近，就不需要增速齿轮箱。风电机组按照是否有增速齿轮箱可以分为带增速齿轮箱的风电机组、直驱风电机组和半直驱风电机组。

带增速齿轮箱风电机组的发电机，由于极对数小，因而结构比较简单，体积小，但是由于需要齿轮增速箱，因此传动系统结构比较复杂，齿轮箱设计、运行维护复杂，容易出故障。

直驱风电机组的风轮直接驱动发电机转子旋转，不需要齿轮箱增速，从而提高了传动效率和可靠性，减少了故障点，但是直驱式机组的发电机极对数高，体积比较大，结构也复杂得多。

半直驱风电机组是一种折中方案，其发电机的极对数少于直驱发电机，利用增速比相对较小的齿轮箱进行增速，这样既可以降低齿轮箱的设计、运行维护难度，也使发电机结构相对简单。

图3-5分别示出带增速齿轮箱风电机组（左图）和直驱式风电机组（右图）的典型结构。目前，在已经投入运行的大型并网风电机组中，带增速齿轮箱风电机组较多，但是随着

电力电子等领域技术的发展，直驱式风电机组的发展也很快，在实际投运风电机组中占的比例也逐渐增加。

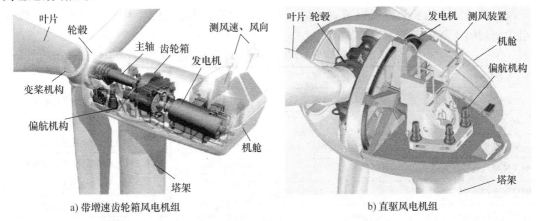

图 3-5　带增速齿轮箱风电机组和直驱风电机组的机舱内部结构

（4）陆地风电机组和海上风电机组　由于陆地地形地貌限制以及风电场噪声等对环境的影响，自 20 世纪 90 年代起，国外开始建造近海风电场，并且成为未来风电发展的一个趋势。

安装在内陆地区和沿海地区的风电机组在基本结构上并无太大差别，但是由于沿海风场的风况和环境条件与陆地风场存在差别，因此海上风电机组具有一些特殊性，主要表现在以下几个方面：

1）目前建成的海上风电场一般处于离海岸较近的中浅深海域，海水深度小于 30m。海上风速通常比沿岸陆地高，而且由于海面平坦，没有障碍物，因此风速比较稳定，不受地形影响，风湍流强度和风切变都比较小，并且具有稳定的主导风向，因此海上风况条件优于陆地。适合选用大容量风电机组，而且在相同容量下，海上风电机组的塔架高度比陆地机组低。

2）海上风电场遭遇极端气象条件的可能性大，强阵风、台风和巨浪等极端恶劣天气条件都会对机组造成严重破坏，因此对于风电机组安全可靠性要求更高。海上风电场与海浪、潮汐具有较强的耦合作用，使得风电机组运行在海浪干扰下的随机风场中，载荷条件比较复杂。此外，海上风电机组长期处在含盐湿热雾腐蚀环境中，加之海上风电机组安装、运行、操作和维护等方面都比陆地风场困难。因此，海上风电机组结构，尤其是叶片材料的耐久性问题极为重要。

3）海上风电机组与陆地风电机组的最主要区别在于基础形式。由于不同海域的水下情况复杂、基础建造需要综合考虑海床地质结构、离岸距离、风浪等级、海流情况等多方面影响，因此海上风电机组的基础比陆地风电机组复杂得多，用于基础的建设费用也占较大比例。随着海上风电的发展，风电场将逐渐向较深海域扩展，风电机组的基础问题将更加突出。

除了机组设备的特殊性以外，海上风电在风资源评估、机组安装、运行维护、设备监控、电力输送等许多方面都与陆地风电存在差异，技术难度大、建设成本高。

3.1.2 风电机组主要参数

风电机组的性能和技术规格可以通过一些主要参数反映，表 3-1 中，以某型号 1.5MW 机组为例列出了其主要技术参数。

表 3-1 某型号 1.5MW 机组的主要技术参数

参数	数值	参数	数值
额定功率/kW	1500	齿轮箱结构形式	一级行星轮 + 两级平行轴斜齿圆柱齿轮
转子直径/m	77	变桨距控制方式	独立电动变桨距控制
塔架高度/m	65	制动方式	独立叶片变桨距控制 + 盘制动
切入风速/(m/s)	3	偏航控制系统	四个电动齿轮电机
额定风速/(m/s)	12	发电机类型	感应式带集电环发电机
切出风速/(m/s)	20	发电机极对数	4
转子	上风向、顺时针转动	额定功率/kW	1500
叶片数	3	功率因数 $\cos\varphi$	0.9 ~ 1.0
偏角/(°)	4	电网连接	通过变流器
转速范围/(r/min)	11 ~ 20	塔架	锥形钢筒塔架

1. 风轮直径与扫掠面积

风轮直径是风轮旋转时的外圆直径，用 D 表示（见图 3-1b）。风轮直径大小决定了风轮扫掠面积的大小以及叶片的长度，是影响机组容量大小和机组性价比的主要因素之一。

根据贝茨理论，风轮从自然风中获取的功率为

$$P = \frac{1}{2}\rho S C_P v^3 \tag{3-2}$$

式中，S 为风轮的扫掠面积，

$$S = \frac{\pi D^2}{4} \tag{3-3}$$

式 (3-3) 表明，风轮直径 D 增加，则其扫掠面积与 D^2 成比例增加，其获取的风功率也相应增加。图 3-6 所示为过去几十年，风电机组风轮直径和相应功率的发展变化情况。早期的风电机组直径很小，额定功率也相对较低，大型兆瓦机组的风轮直径在 70 ~ 80m 范围，目前已有风轮直径超过 100m、额定功率超过若干兆瓦的风电机组投入商业运行。

2. 轮毂高度

风轮高度是指风轮轮毂中心离地面的高度，也是风电机组设计时要考虑的一个重要参数，由于风剪切特性，离地面越高，风速越大，具有的风能也越大，因此大型风电机组的发展趋势是轮毂高度越来越高。但是轮毂高度增加，所需要的塔架高度也相应增加，当塔架高度达到一定水平时，设计、制造、运输和安装等方面都将产生新的问题，也导致风电机组成本相应增加。

3. 叶片数

风轮叶片数是组成风轮的叶片个数，用 B 表示。选择风轮叶片数时要考虑风电机组的

性能和载荷、风轮和传动系统的成本、风力机气动噪声及景观效果等因素。图 3-7 中分别示出带有单叶片风轮、双叶片风轮和三叶片风轮的三种水平轴风电机组形式。

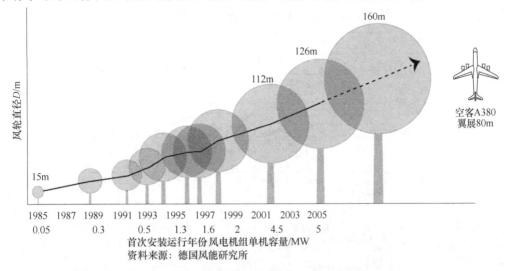

图 3-6　风电机组功率和直径的发展变化

图 3-7　带有单叶片风轮、双叶片风轮和三叶片风轮的三种水平轴风电机组形式

　　采用不同的叶片数，对风电机组的气动性能和结构设计都将产生不同的影响。风轮的风能转换效率取决于风轮的功率系数。图 3-8 所示为不同类型风轮的功率系数随叶尖速比的变化曲线。从图中可以看出，现代水平轴风电机组风轮的功率系数比垂直轴风轮高，其中三叶片风轮的功率系数最高，其最大功率系数约为 0.47，对应叶尖速比约为 7；双叶片和单叶片风轮的风能转换效率略低，其最大功率系数对应的叶尖速比也高于三叶片风轮，即在相同风速条件下，叶片数越少，风轮最佳转速越高，因此有时也将单叶片和双叶片风轮称为高速风轮。相比之下，多叶片风车的最佳叶尖速比较低，风轮转速可以很慢，因此也称为慢速风轮。当然多叶片风轮由于功率系数很低，因而很少用于现代风电机组。

　　风轮的作用是将风能转换成推动风轮旋转的机械转矩。因此用于衡量风轮转矩性能的另一个重要参数是转矩系数，它定义为功率系数除以叶尖速比。转矩系数决定了传动系统中主轴及齿轮箱的设计。现代并网风电机组希望转矩系数小，以降低传动系统的设计费用。图 3-9 所示为几种具有不同叶片数的水平轴风轮的转矩系数曲线。可以看出，叶片数越多，最大转矩系数值也越大，对应的叶尖速比也越小，表明起动转矩越大。

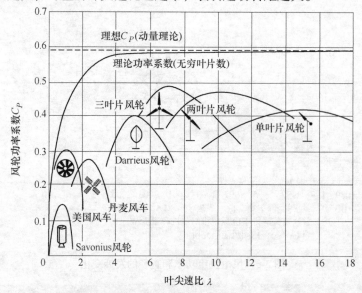

图 3-8　不同叶片数的风轮的功率系数随叶尖速比的变化曲线

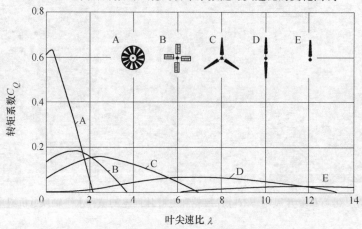

图 3-9　不同叶片数风轮的转矩系数曲线

从上述分析看，三叶片风轮的性能比较好，目前，水平轴风电机组一般采用两叶片或三叶片风轮，其中以三叶片风轮为主。我国安装投运的大型并网风电机组几乎全部采用三叶片风轮。

叶片数量减少，将使风轮制造成本降低，但也会带来很多不利的因素，在选择风轮叶片数时要综合考虑。例如两叶片风轮上的脉动载荷要大于三叶片风轮。另外，由于两叶片风轮转速高，在旋转时将产生较大的空气动力噪声，对环境产生不利影响，而且风轮转速快，视觉效果也不好。

风轮实度也常用于反映风轮的风能转换性能，风轮实度定义为风轮叶片总面积与风轮扫掠面积的比值。风轮的叶片数多，风轮的实度大，功率系数比较大，但功率曲线较窄，对叶尖速比的变化敏感。叶片数减小，风轮实度下降，其最大功率系数相应降低，但功率曲线也越平坦，对叶尖速比变化越不敏感。

4. 额定风速、切入风速和切出风速

风电系统输出的电功率与机组设计风速密切相关，所谓设计风速一般包括额定风速、切入风速和切出风速。

额定风速是指风电机组达到额定功率对应的风速，额定风速的大小直接影响机组的总体构成和成本。额定风速取决于风电机组所在区域的风能资源分布，需要事先掌握平均风速及其出现的频率。可以参照风速条件，按一定的原则评估额定风速。

切入风速和切出风速也是反映机组功能的重要设计参数，如图 3-3 所示，切入风速指风电机组开始并网发电的最低风速，决定了机组在低风速条件下的性能。切出风速则主要用于在极端风速条件下，对机组进行停机保护。当风速达到切出风速时，机组将实施制动停机。

5. 风轮转速、叶尖速比

叶尖速比 λ 是描述风电机组风轮特性的一个重要的无量纲量，定义为风轮叶片尖端线速度与风速之比，即

$$\lambda = \frac{\omega_r R}{v} \tag{3-4}$$

式中，R 为风轮的最大旋转半径，或叶尖半径（m）；ω_r 为风轮角速度（rad/s）；v 为风速（m/s）。

对于特定的风轮形式，其功率系数与叶尖速比 λ 的关系曲线确定，如图 3-8 中三叶片风轮的曲线，形状如同一个山包。在某一叶尖速比值处，功率系数达到最大值，此时，风轮吸收的风能最多，对应的叶尖速比值称为最佳叶尖速比。风电机组风轮的一个主要设计目标是尽可能多地吸收风能，因此在低于额定风速的区域，希望使风轮尽可能工作在最大功率系数附近，即风轮转速与风速的比值尽可能保持在最佳叶尖速比附近。由于风速是连续不断变化的，因此需要对风轮的转速进行控制，使之与风速变化匹配。对于风轮转速的控制有恒速、双速和变速控制等多种方式，相关内容详见第 5 章。

以表 3-1 所列的 1.5MW 风电机组为例，三叶片风轮，直径 77m，额定风速 12m/s 为例。粗略估算风轮的额定转速。设三叶片风轮对应的最佳叶片速比约为 7，根据式 3-4，风轮的额定转速约为

$$n = \frac{60}{2\pi} \omega_r = \frac{60}{2\pi} \frac{\lambda v}{R} = \frac{60 \times 7 \times 12}{2 \times \pi \times 38.5} = 20.84 \text{r/min}$$

实际风电机组的风轮转速范围的确定，还要考虑其他多种因素，例如表 3-1 所列机组的实际转速范围约在 11～20r/min 之间。

风轮转速除了影响风能吸收特性以外，还对风轮的机械转矩产生影响。当风电机组的额定功率和风轮直径确定后，风轮转速增加，则风轮转矩减小，因而作用在传动系统上的载荷也相应减小，并使齿轮箱的增速比降低。

6. 风轮锥角和风轮仰角

风轮锥角是叶片与风轮旋转轴相垂直的平面的夹角，风轮仰角是风轮主轴与水平面的夹

角，如图 3-1 所示。由于叶片为细长柔性体结构，在其旋转过程中，受风载荷和离心载荷的作用，叶片将发生弯曲变形，风轮锥角和仰角的主要作用是防止叶片在发生弯曲变形状态下，其叶尖部分与塔架发生碰撞。

7. 偏航角

偏航角是通过风轮主轴的铅垂面与风速在水平面上的分量的夹角。风电机组在运行过程中，根据测量的风速方向，通过偏航系统对风轮的方向进行调整，使其始终保持正面迎向来风方向，以获得最大风能吸收率。

3.1.3 风电机组设计级别

风场条件（风况条件、地理和气候环境特点等）是风电机组设计和选型的主要影响因素。在世界范围内，可用于风力发电的风场条件千差万别，不可能针对每一种风场条件都设计一种适合的风电机组，为此，国际电工委员会在其颁布的风电机组相关设计标准中（IEC64000—1），根据风速和湍流状态参数将水平轴风电机组分成若干个级别，这样就减少了风电机组的类型，从而可以降低风电机组的设计成本，增加风电机组的竞争力。2005 年颁布的 IEC64000—1 第三版中，将风电机组分成四个级别，即三个标准级别（Ⅰ、Ⅱ、Ⅲ）和一个特殊级别（S），见表 3-2 所列。

表 3-2 风电机组分级及其基本参数

参 数		风电机组级别			
		Ⅰ	Ⅱ	Ⅲ	S
v_{ref}/（m/s）		50	42.5	37.5	
I_{ref}	A	0.16			由设计者确定
	B	0.14			
	C	0.12			

表中所列数值是指风轮轮毂高度处的值，可以看出，风电机组分级标准只依据风场的平均风速和湍流强度两个主要参数，其中

1）v_{ref} 为 10min 参考平均风速，实际风场的 10min 平均风速值按照下式计算：

$$v_{ave} = 0.2v_{ref} \tag{3-5}$$

即，三个标准级别机组所适用的风场的平均风速 v_{ave} 分别为：Ⅰ级机组对应 10m/s 平均风速；Ⅱ级机组对应 8.5m/s 平均风速；Ⅲ级机组对应 7.5m/s 平均风速。

2）I_{ref} 为风速在 15m/s 时的湍流强度期望值，表中对每个标准机组级别都分为 A、B、C 三种不同的风湍流状态，其湍流强度期望值分别为 0.16、0.14 和 0.12。即标准机组共有 9 个类型。

3）为了解决一些特殊风场条件的机组设计和选用问题，标准中在三个标准级别以外，还列出一个特殊级别 S，具体设计参数由设计者根据实际风况条件制定。

在进行实际风电机组的设计和选型时，应根据风场的平均风速和湍流状态参数来确定风电机组的级别，这样才能保证机组满足合适的功能和使用寿命要求。

3.2 风轮

风轮是风电机组的核心部件，决定了整个风电机组的性能。风轮上叶片的气动特性决定了风电机组的风能利用率，也决定了风电机组机械部件的主要载荷。

风轮由叶片、轮毂、风轮轴及变桨机构等组成。

3.2.1 叶片

风轮叶片主要实现风能的吸收，因此其形状主要取决于空气动力学特性，设计目标是最大可能吸收风能，同时使重量尽可能减轻，降低制造成本。风电机组叶片应满足以下要求：

1）良好的空气动力外形，能够充分利用风电场的风资源条件，获得尽可能多的风能。

2）可靠的结构强度，具备足够的承受极限载荷和疲劳载荷能力；合理的叶片刚度、叶尖变形位移，避免叶片与塔架碰撞。

3）良好的结构动力学特性和气动稳定性，避免发生共振和颤振现象，振动和噪声小。

4）耐腐蚀、防雷击性能好，方便维护。

5）在满足上述目标的前提下，优化设计结构，尽可能减轻叶片重量、降低制造成本。

1. 叶片几何形状及翼型

大型风电机组的风轮直径很大，因此叶片长度很长，在旋转过程中，不同部位的圆周速度相差很大，导致来风的攻角相差很大，因此风电机组叶片沿展向各段处的几何尺寸及剖面翼型都发生变化。图 3-10 所示为叶片的平面形状及几何参数。

a）风电机组叶片(E112型)长度与A340型客机比较

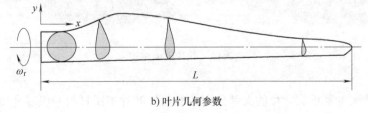

b) 叶片几何参数

图 3-10 风电机组叶片形状

叶片具有以下特征：

1）平面几何形状一般为梯形，沿展向方向上，各剖面的弦长不断变化。

2）叶片翼型沿展向上不断变化，各剖面的前缘和后缘形状也不同。

3）叶片扭角也沿展向不断变化，叶尖部位的扭角比根部小。这里的叶片扭角指在叶片尖部桨距角为零的情况下，各剖面的翼弦与风轮旋转平面之间的夹角。

图 3-11 为叶片翼型沿展向变化示意图。

高性能的翼型是确保风电机组气动性能的关键，相关基础系列翼型的开发，是风力发电机叶片研发的关键核心技术之一。为了提高风能利用效率和满足机组大型化的需求，从 20 世纪 80 年代开始，丹麦、美国、荷兰和瑞典等国相继发展了具有高升阻比、多种相对厚度、降低对前缘粗糙度敏感性的专用风轮叶片的新型翼型。在 1980～2005 年的 25 年间，风电机组从几千瓦高速发展到 5MW，这些翼型的开发对叶片性能的提高起到了极大的促进作用。

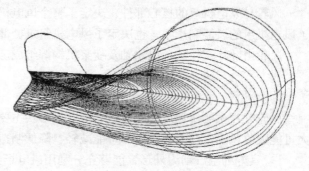

图 3-11　叶片翼型变化

叶片的剖面翼型应根据相应的外部条件并结合载荷分析进行选择和设计。风能的转换效率与空气流过叶片翼型产生的升力有关，因此叶片的翼型性能直接影响风能转换效率。传统的风力发电机叶片翼型多沿用航空翼型，随着风电技术的发展和广泛应用，国外一些研究机构开发了多种风电专用翼型系列。应用较多的有 NACA 翼型、SERI 翼型、NREL 翼型、RISΦ – A 翼型和 FFA – W 翼型等。

2. 叶片结构、材料及制造

风电叶片既要求机械性能好，能够承受各种极端载荷，又要求重量轻，制造和维护成本低，因此均采用轻型材料和结构。叶片剖面结构均为中空结构，由蒙皮和主梁组成，中间有硬质泡沫夹层作为增强材料。图 3-12 所示为两种典型的叶片剖面和主梁结构形式。目前叶片材料多采用玻璃纤维与树脂复合材料，树脂覆盖在玻璃纤维上，形成剖面翼型，并将作用在其上的载荷传递给玻璃纤维。较小型叶片一般选用 E-玻纤增强塑料，树脂基体为不饱和聚酯、乙烯酯或环氧树脂；长度超过一定范围的较大型叶片，一般采用碳纤维复合材料或碳纤维与玻璃纤维混杂复合材料，基体以环氧树脂为主。

图 3-12　叶片剖面结构

叶片主梁结构主要承载叶片的大部分弯曲载荷。叶片主梁材料一般需采用单向程度较高的玻纤织物增强，以提高主梁的强度及刚度。根据主梁结构形式，需要进行相应的剖面几何与力学特性计算，如质心、惯性矩和扭转刚度分析等。

叶片蒙皮主要由胶衣、表面毡和双向复合材料铺层构成，其功能是提供叶片气动外形，同时承担部分弯曲载荷和剪切载荷。一些叶片后缘部分的蒙皮采用了夹层结构，以提高后缘空腹结构的抗屈曲失稳能力。

叶片蒙皮的铺层形式主要取决于叶片所受的外载荷，根据外载荷的大小和方向，确定叶片铺层数量，以及铺层增强纤维的方向，如图 3-13 所示。由于叶片所受弯矩、转矩和离心力都是从叶尖向叶根逐渐递增，因此铺层结构的厚度一般从叶尖向叶根逐渐递增。

叶片制造过程中，其上、下两半分别在固定形状的模具中完成铺层，然后在前后缘粘合在一起，形成整体叶片，如图 3-14 所示。

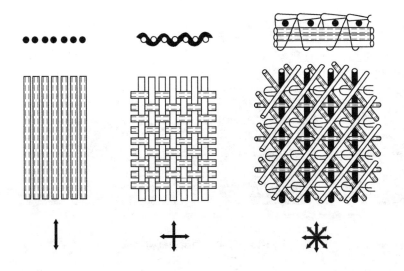

图 3-13　2 叶片铺层的纤维方向

图 3-14　叶片制造

3. 气动制动系统

由于风轮在旋转过程中，转动惯量很大，所以当风速超过切出风速时，变桨调节的风电机组通过对桨距角的调整可以实现气动制动。对于失速控制的风电机组，由于叶片与轮毂固定连接，通常采用可旋转的叶尖实现气动制动。图 3-15 所示为一种具有旋转叶尖的制动结构。在风轮运行时，叶尖部分和其他部分方向一致，形成一个整体。当需要制动时，叶尖部分绕叶片轴向旋转 90°，实现制动功能。

4. 叶根连接

叶片所受的各项载荷，无论是拉力还是弯矩、转矩、剪力都在根端达到最大值，如何把整个叶片上所承受的载荷传递到轮毂上去，关键在于叶片的根端连接设计。玻璃钢强度性能的一个弱点是层间剪切强度较低，强度矛盾集中在根端，根端设计成为叶片设计成败的关键问题。叶根必须承受叶身传来的巨大载荷，需要采取各种有利的传力形式，避免玻璃钢的弱点。叶片根端必须具有足够的剪切强度、挤压强度，与金属的胶接强度也要足够高，这些强度均低于其拉弯强度，因此叶片的根端是危险的部位，设计应予以重视。如果不注意根端连接设计，严重时将导致整个叶片飞出，使整台风电机组毁坏。

图 3-15   叶尖气动制动机构示例

（1）法兰连接   这种形式的叶根像一个法兰翻边。在此法兰上，除了有玻璃钢外，还与金属盘对拼，在金属盘上的附件与轮毂相连，如图 3-16a 所示。

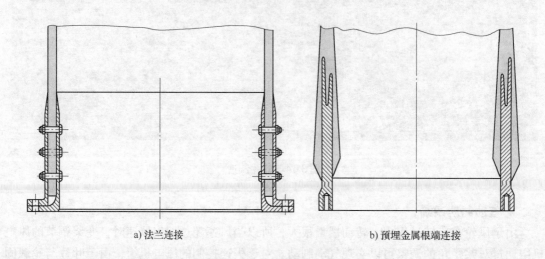

a) 法兰连接   b) 预埋金属根端连接

图 3-16   叶根与轮毂连接形式

（2）预埋金属根端连接   如图 3-16b 所示，在根端设计中，预埋上一个金属根端，此结构一端可通过螺栓与轮毂连接，另一端牢固预埋在玻璃钢叶片内。这种结构形式避免了对叶片根部结构层的加工损伤，提高了根部连接的可靠性，也减小了法兰盘的重量。缺点就是每个螺纹件的定位必须准确。

5. 叶片失效与防护措施

（1）叶片失效形式及其影响   叶片是风电机组实现风能转换成机械能的主要部件，由于长期处于暴露条件下工作，很容易出现故障。常见的叶片故障类型包括表面腐蚀、雷击、覆冰、裂纹以及极端风造成的叶片断裂等（见图 3-17）。

a) 叶片表面覆冰　　　　b) 表面腐蚀　　　　c) 裂纹　　　　d) 极端风破坏

图 3-17　叶片故障实例

图 3-18 所示为德国某公司（Deutsche Wind Guard Dynamics GmbH）对在德国安装的 20000 台风电机组的叶片故障统计结果，其中气动部件故障率约为 40%，导致风轮不平衡问题（气动不平衡、质量不平衡、不平衡超限）的故障也约占 40%，风轮其他故障略低于 20%。

叶片故障主要对叶片的气动性能、主轴不平衡以及振动和噪声状态产生影响。图 3-19 所示为表面干净叶片和表面脏污叶片的功率特性比较。脏污叶片导致叶片气动性能明显下降，输出功率减少。

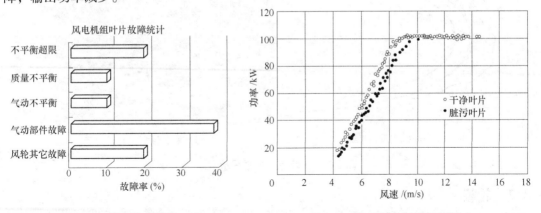

图 3-18　叶片故障统计　　　　　　　　　图 3-19　叶片对气动性能的影响

叶片各类故障造成风轮旋转质量不平衡，对叶片、变桨驱动电机、主轴、齿轮箱（裂缝、损坏）、发电机（阻尼线圈的磨损）、电子器件（没有紧紧固定的控制柜的振动）、偏航驱动、偏航制动以及塔筒和地基的裂缝都将产生影响。

（2）叶片防雷系统　闪电可以产生超过上亿伏的平均电压，相应的平均电流可以达到 MA 级别。各种闪电中，有约 25% 从云中传到地面上，风电机组通常树立在比较空旷的地域，容易遭受雷击。特别是在较多出现雷雨天气的地区，雷击造成的叶片损坏成为主要问题。因此现代大型风电机组的叶片上必须安装防雷击装置。

图 3-20 所示为叶片防雷击系统的基本结构，通常在容易遭受雷击的叶尖部位安装一个金属（铝或铜）接受块，然后通过安装在叶片内部的金属导线连接到叶根部的柔性金属板上，并经过塔架内的接地系统，将雷击电流接地。

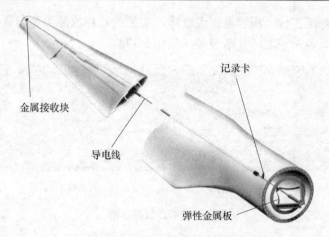

图 3-20   叶片防雷装置示意图

（3）叶片除冰系统   针对一些地区容易造成叶片覆冰的环境条件，一些叶片制造企业也考虑了多种解决覆冰问题的方案，例如叶片表面采用特殊的防冰涂层、叶片中安装覆冰报警及除冰系统等。图 3-21 所示为两种叶片除冰系统的概念设计示意图。

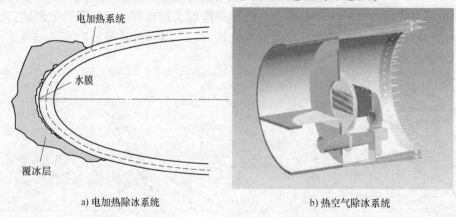

a) 电加热除冰系统   b) 热空气除冰系统

图 3-21   3 叶片除冰系统示意图

3.2.2   轮毂

轮毂用于连接叶片和主轴，承受来自叶片的载荷并将其传递到主轴上。对于变桨距风电机组，轮毂内的空腔部分还用于安装变桨距调节机构。图 3-22 所示为实际大型风电机组的轮毂。

轮毂形式主要取决于风轮叶片数量，单叶片和双叶片风轮的轮毂常采用铰链式轮毂，也称为柔性轮毂或跷跷板式轮毂，叶片和轮毂柔性连接，使叶片在挥舞、摆动和扭转方向上都具有自由度，以减少叶片载荷的影响。这种轮毂形式在国内风电机组中应用不多，有关内容可以参阅相关参考文献。

三叶片风轮的轮毂多采用刚性轮毂形式，叶片与轮毂刚性连接，结构简单，制造和维护成本低，承载能力大。图 3-23 为三叶片风轮的两种主要轮毂结构形式。其中图 3-23a 为三角形轮毂，轮毂内部空腔小、体积小、制造成本低，适用于定桨距机组；图 3-23b 为三通式轮毂，主要用于变桨距机组，其形状如球形，内部空腔大，可以安装变桨距调节机构。

a) 运行状态下的轮毂

b) 风轮吊装

图 3-22 实际风电机组轮毂

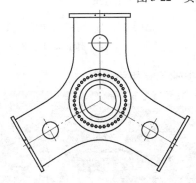
a) 三角形轮毂

b) 三通式轮毂

图 3-23 轮毂典型结构

轮毂一般多为铸造结构，采用铸钢或高强度球磨铸铁材料。球磨铸铁具有铸造性能和减振性能好，对应力集中不敏感及成本低等优点。

3.2.3 变桨机构

现代大型并网风电机组多数采用变桨距机组，其主要特征是叶片可以相对轮毂转动，实现桨距角的调节。其主要作用有以下两点：

1）在正常运行状态下，当风速超过额定风速时，通过改变叶片桨距角，改变叶片的升力与阻力比，实现功率控制。

2）当风速超过切出风速时，或者风电机组在运行过程出现故障状态时，迅速将桨距角从工作角度调整到顺桨状态，实现紧急制动。

叶片的变桨距操作通过变桨距系统实现。变桨距系统按照驱动方式可以分为液压变桨距系统和电动变桨距系统，按照变桨距操作方式可以分为同步变桨距系统和独立变桨距系统。同步变桨距系统中，风轮各叶片的变桨距动作同步进行，而独立变桨距系统中，每个叶片具有独立的变桨距机构，变桨距动作独立进行。

变桨距机组的变桨角度范围为 0~90°。正常工作时，叶片桨距角在 0°附近，进行功率控制时，桨距角调节范围约为 0~25°，调节速度一般为 1°/s 左右。制动过程，桨距角从 0°迅速调整到 90°左右，称为顺桨位置，一般要求调节速度较高，可达 15°/s 左右。机组起动过程中，叶片桨距角从 90°快速调节到 0°，然后实现并网。

1. 变桨机构组成

叶片变桨距系统主要由叶片与轮毂间的旋转机构、变桨驱动机构、执行机构、备用供电机构和控制系统组成。变桨距系统的硬件安装在轮毂内部，图3-24所示为变桨机构的基本构成。由电动机和减速器构成驱动机构和执行机构，叶片变桨旋转动作通过内啮合齿轮副实现。

图3-25所示为电动独立变桨距系统在轮毂内布置示意图及安装实例。

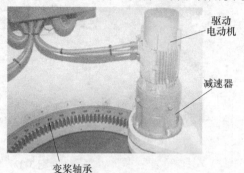

2. 变桨轴承

变桨轴承是变桨装置的关键部件，除保证叶片相对轮毂的可靠运动外，同时提供了叶片与轮毂的连接，并将叶片的载荷传递给轮毂。变桨轴承属于专用轴承，有多种形式，国内外标准（如我国机械行业标准JB/T10705—2007）中，对此类轴承有相关规定。

图3-24　安装在轮毂中的变桨操作
装置典型设计形式

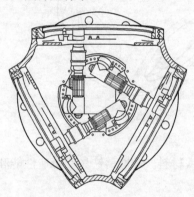

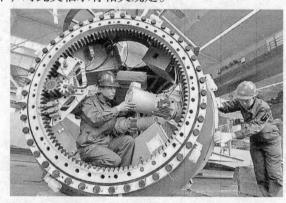

图3-25　变桨机构安装

图3-26所示为两种典型的变桨轴承结构，左图结构中，叶片4固定在轴承的旋转运动部分6，其内圈为齿圈。轴承的外圈为非旋转部分，通过销和高强度的铰制孔螺栓与轮毂连接。轴承通常选用双列球轴承。

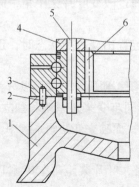

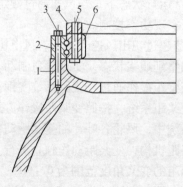

图3-26　变桨轴承典型结构示意图

1—轮毂　2—销连接　3—轴承外圈　4—叶片　5—联接螺栓　6—轴承内圈

3. 变桨驱动部件

变桨驱动部件可采用电动或液压驱动，早期的变桨距机组以液压驱动方式为主，但是液压系统存在漏油问题。随着伺服电动机技术的发展，近年来电动变桨驱动已被多数机组采用。

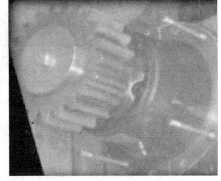

电动变桨机组每个叶片都有一套驱动装置，全部安装在轮毂内。变桨驱动装置主要由电动机、大速比减速机和开式齿轮传动副组成，以适应变桨操作的速度要求。

变桨驱动电动机一般采用含有位置反馈的直流伺服电动机。在驱动装置的功率输出轴端，安装与变桨轴承齿轮传动部分啮合的小齿轮（见图3-27），与变桨轴承的大齿轮组成开式齿轮传动副。应注意

图 3-27　变桨驱动齿轮副中的小齿轮

该齿轮副的啮合间隙需要通过调整驱动装置与轮毂的相对安装位置实现。

3.3　风电机组传动系统

传动系统用来连接风轮与发电机，将风轮产生的机械转矩传递给发电机，同时实现转速的变换。图 3-28 所示为一种目前风电机组较多采用的带齿轮箱风电机组的传动系统结构示意图。包括风轮主轴（低速轴）、增速齿轮箱、高速轴（齿轮箱输出轴）及机械刹车制动装置等部件。整个传动系统和发电机安装在主机架上。作用在风轮上的各种气动载荷和重力载荷通过主机架及偏航系统传递给塔架。

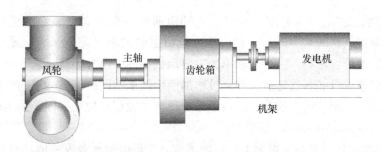

图 3-28　带增速齿轮箱的风电机组传动系统示意图

图 3-29 所示为风电机组传动系统详细结构，图中包括了发电机部件。

这一节主要围绕带增速齿轮箱的风电机组，介绍传动系统中主要部件的基本形式。

3.3.1　风轮主轴

1. 主轴支撑结构形式

风轮主轴一端连接风轮轮毂，另一端连接增速齿轮箱的输入轴，用滚动轴承支撑在主机架上。风轮主轴的支撑结构形式与增速齿轮箱的形式密切相关。按照支撑方式不同，主轴可以分为三种结构形式，如图 3-30 所示。

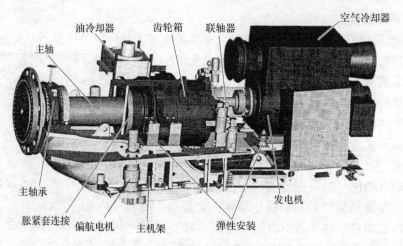

图 3-29　GE1500 风电机组传动系统结构

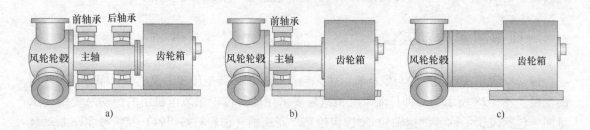

图 3-30　风轮主轴支撑形式

1）独立轴承支撑结构（见图 3-30a）。主轴由前后两个独立安装在主机架上的轴承支撑，共同承受悬臂风轮的重力载荷，轴向推力载荷由前轴承（靠近风轮）承受，只有风轮转矩通过主轴传递给齿轮箱。由于前轴承为主要承载部件，通常为减小悬臂风轮重力产生的弯矩，前轴承支撑尽可能靠近轮毂，并通过增加前后轴承的间距调整轴承的载荷。因而此种主轴结构相对较长，制作成本较高。但由于齿轮箱与主轴相对独立，便于采用标准齿轮箱和主轴支撑构件。

2）主轴前轴承独立安装在机架上，后轴承与齿轮箱内轴承做成一体（见图 3-30b），前轴承和齿轮箱两侧的扭转臂形成对主轴的三点支撑，故也称为三点支撑式主轴。这种主轴支撑结构形式在现代大型风电机组中较多采用，其优点是，主轴支撑的结构趋于紧凑，可以增加主轴前后支撑轴承的距离，有利于降低后支撑的载荷，齿轮箱在传递转矩的同时承受叶片作用的弯矩。

3）主轴轴承与齿轮箱集成形式（见图 3-30c）。主轴的前后支撑轴承与齿轮箱做成整体，其主要优点是，风轮通过轮毂法兰直接与齿轮箱连接，可以减小风轮的悬臂尺寸，从而降低了主轴载荷。此外主轴装配容易、轴承润滑合理。主要问题是，难于直接选用标准齿轮箱，维修齿轮箱必须同时拆除主轴。

从齿轮箱维修角度看，主轴单独支撑，既便于与齿轮箱分离，又能减轻齿轮箱的承载，大大降低维修费用，较为合理。

　　制造主轴的材料一般选择碳素合金钢，毛坯通常采用锻造工艺。由于合金钢对应力集中的敏感性较高，轴结构设计中注意减小应力集中，并对表面质量提出要求。各种热处理、化学处理及表面强化处理，可显著提高主轴的机械性能。

2. 主轴轴承

　　主轴的前轴承需要承受风轮产生的弯矩和推力，通常采用双列滚动轴承作为径向与轴向支撑，典型结构如图 3-31 所示。

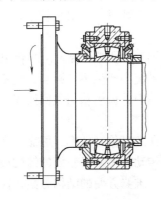

图 3-31　主轴前轴承典型结构

3. 主轴与齿轮箱连接

　　主轴与齿轮箱输入轴的连接方式主要有法兰、花键、胀紧套等。随着风电技术向大功率方向发展，胀紧套连接最为常见。胀紧套连接传递转矩大、结构紧凑，且具有超载保护作用。但实际应用中也出现大轴与齿轮箱输入轴咬死，分离困难等情况。设计时，在提高材质性能、接合面硬度及表面粗糙度同时，在齿轮箱输入轴加高压油孔及油槽是较为有效的解决办法。

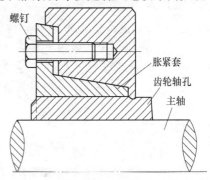

　　低速轴与齿轮箱的连接主要采用胀紧套连接方式，如图 3-32 所示。相比过盈连接方式，这种连接方式具有制造和安装简单、承载能力强、互换性好、使用寿命长等优点，并具有过载保护功能。

图 3-32　主轴与齿轮箱的胀紧套
连接方式示意图

3.3.2　增速齿轮箱

1. 特点

　　相对于其他工业齿轮箱，风电齿轮箱的设计条件比较苛刻，同时也是机组的主要故障源之一，其基本设计特点表现在：

　　（1）传动条件　风电齿轮箱属于大传动比、大功率的增速传动装置，且需要承受多变的风载荷作用及其他冲击载荷；由于维护不便，对其运行可靠性和使用寿命的要求较高，通常要求设计寿命不少于 20 年；设计过程往往难以确定准确的设计载荷，而结构设计与载荷谱的匹配问题在很大程度上也是导致其故障的重要诱因。

（2）运行条件与环境　风电齿轮箱常年运行于酷暑、严寒等极端自然环境条件，且安装在高空，维修困难。因此，除常规状态机械性能外，对构件材料还要求低温状态下抗冷脆性等特性。由于风电机组长期处于自动控制的运行状态，需考虑对齿轮传动装置的充分润滑条件及其监测，并具备适宜的加热与冷却措施，以保证润滑系统的正常工作。

（3）设计与安装条件　鉴于齿轮箱的体积和重量对风电机组其他部件的载荷、成本等的影响，减小其设计结构和减轻重量显得尤为重要。但结构尺寸与可靠性方面的矛盾，往往使风电齿轮箱设计陷入两难境地。同时，随着机组单机功率的不断增大，对齿轮箱设计形成很大的压力。

（4）其他　一般需要在齿轮箱的输入端（或输出端）设置机械制动装置，配合风轮的气动制动实现对机组的制动功能。但制动产生的载荷对传动系统会产生不良影响，应考虑防止冲击和振动措施，设置合理的传动轴系和齿轮箱体支撑。其中，齿轮箱与主机架间一般不采用刚性连接，以降低齿轮箱产生的振动和噪声。

鉴于以上特点，风电齿轮箱的总体设计目标很明确，即在满足传动效率、可靠性和工作寿命要求的前提下，以最小体积和重量为目标，获得优化的传动方案。齿轮箱的结构设计过程，应以传递功率和空间限制为前提，尽量选择简单、可靠、维修方便的结构方案，同时正确处理刚性与结构紧凑性等方面的问题。

图 3-33 所示为典型风电机组齿轮箱外观结构。

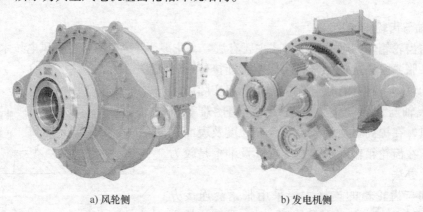

a) 风轮侧　　　　　　　　　　　　　　b) 发电机侧

图 3-33　风电机组典型齿轮箱的外观图

2. 齿轮传动概述

齿轮传动被广泛应用于各类机器设备上，尤其是在重载传动方面，齿轮机构更是占据着举足轻重的地位。齿轮传动具有传动比恒定、结构紧凑、传递功率（力）大、传动效率高、零部件使用寿命长等优点，其缺点是制造和安装的成本高、吸振性差等。

齿轮传动的基本形式如图 3-34 所示，通过主动齿轮与从动齿轮的啮合，实现运动和转矩的传递。主动齿轮与从动齿轮的转速比称为齿轮的传动比，取决于从动齿轮与主动齿轮的节圆半径之比，或从动齿轮与主动齿轮的齿数比，即

$$i = \frac{n_1}{n_2} = \frac{r_2}{r_1} = -\frac{z_2}{z_1} \tag{3-6}$$

式中，n、r、z 分别表示转速、齿轮节圆半径和齿数，下标 1、2 分别表示主、从动齿轮。

齿轮传动输出轴转矩与输入轴转矩的关系为

$$M_2 = \frac{n_1}{n_2}M_1 \qquad (3-7)$$

对于增速齿轮，$n_2 > n_1$，则有 $M_2 < M_1$。即齿轮箱实现增速的同时，也降低了输出转矩。对于风电机组而言，传动系统中带增速齿轮箱，使发电机转子转矩下降，增速比越大，转矩降低越多，这样发电机转子直径可以减小，此外将机械制动盘安装在齿轮箱输出轴上，制动力矩也比较小。

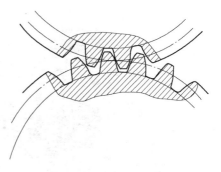

图 3-34　齿轮传动示意图

齿轮传动的基础知识，参见机械设计基础有关教材和专著。

由于受结构和加工条件限制，单级齿轮传动的传动比不能太大，而每个齿轮的齿数也不能太少。为此，在需要大传动比的场合，采用多级齿轮构成的轮系实现传动，轮系传动分为定轴轮系传动和周转轮系传动。

定轴轮系中，所有齿轮的轴线位置不变，如果各轴线相互平行，则称为平面定轴轮系，或平行轴轮系。如图 3-35a 所示为三级平行轴齿轮传动实例。

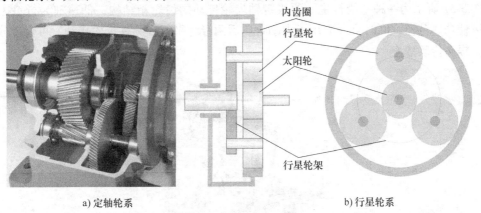

a) 定轴轮系　　　　　　　　　　　　　　　b) 行星轮系

图 3-35　定轴轮系和行星轮系

周转轮系中，至少有一个齿轮的轴线可以绕其他齿轮轴线转动。其中只有一个齿轮轴可以绕其他齿轮轴转动的轮系称为行星轮系。图 3-35b 为一种行星轮系的基本结构示意图，其中轴线可动的齿轮称为行星轮，位于中间的齿轮称为太阳轮，行星轮与太阳轮及外部的内齿圈啮合，太阳轮和内齿圈的轴线不变，其中内齿圈固定不动，行星轮即绕自身轴线转动，同时其轴线还绕太阳轮转动。行星轮系具有结构紧凑，传动比高等优点，但是其结构复杂，制造和维护困难。图 3-36 所示为一种用于风电机组齿轮箱第一级传动的行星轮系结构。

在实际应用中，往往同时应用定轴轮系和行星轮系，构成组合轮系。这样可以在获得较高传动比的同时，使齿轮箱结构比较紧凑。在风电机组增速齿轮箱中，多数采用行星轮系和定轴轮系结合的组合轮系结构。

3. 风电机组齿轮箱的构成及形式

齿轮箱是风电机组传动系统中的主要部件，需要承受来自风轮的载荷，同时要承受齿轮传动过程产生的各种载荷。需要根据机组总体布局设计要求，为风轮主轴、齿轮传动机构和传动系统中的其他构件提供可靠的支撑与连接，同时将载荷平稳传递到主机架。

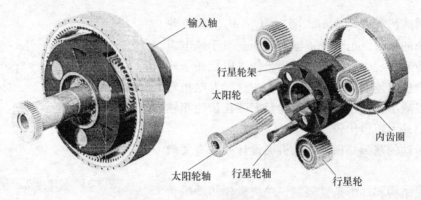

图 3-36　行星轮系结构示意图

（1）结构形式　由于要求的增速比往往很大，风电齿轮箱通常需要多级齿轮传动。大型风电机组的增速齿轮箱的典型设计，多采用行星齿轮与定轴齿轮组成混合轮系的传动方案。图 3-37 所示为一种一级行星 + 两级定轴齿轮传动的齿轮箱结构，低速轴为行星齿轮传动，可使功率分流，同时合理应用了内啮合。后两级为平行轴圆柱齿轮传动，可合理分配传动比，提高传动效率。

图 3-37　采用一级行星和两级定轴齿轮传动的齿轮箱结构
1—箱体　2—转矩臂　3—风轮主轴　4—前主轴承　5—传动机构　6—输出轴

有些齿轮箱采用多级行星轮系的传动形式，如图 3-38 所示的三级行星轮加一级平行轴齿轮的传动结构。多级行星轮结构壳可以获得更加紧凑的结构，但也使齿轮箱的设计、制造与维护难度和成本大大增加。因此，齿轮箱的设计和选型过程，应综合考虑设计要求、齿轮箱总体结构、制造能力，以及与机组总体成本平衡等因素间的关系，尽可能选择相对合理的传动形式。

（2）齿轮材料与连接方式　由于传动构件的运转环境和载荷情况复杂，要求所设计采用的材料除满足常规机械性能条件外，还应具有极端温差条件下的材料特性，如抗低温冷脆性、极端温差影响下的尺寸稳定性等。齿轮、轴类构件材料一般采用低碳合金钢，毛坯的制备多采用锻造工艺获得，以保证良好的材料组织纤维和力学特征。其中，外啮合齿轮推荐采用 20CrMnMo、15CrNi6、17Cr2Ni2A、20CrNi2MoA、17CrNiMo6、17Cr2Ni2MoA 等材料；内啮合的齿圈和轴类零件推荐采用 42CrMoA、34Cr2Ni2MoA 等材料。

　　根据传动要求，设计过程要考虑可靠的构件连接问题。齿轮与轴的连接可采用键连接或过盈配合连接等方式，在传递较大转矩场合，一般采用花键连接。

　　过盈配合连接可保证被连接构件良好的同轴并能够承受冲击载荷，在风电齿轮箱的传动构件连接中也得到了较多的应用。

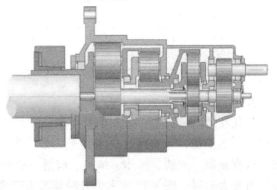

图 3-38　多级行星轮系的风电机组齿轮箱

　　（3）齿轮箱的箱体结构　箱体是齿轮箱的重要基础部件，要承受风轮的作用力和齿轮传动过程产生的各种载荷，必须具有足够的强度和刚度，以保证传动的质量。

　　箱体的设计一般应依据主传动链的布局需要，并考虑加工、装配和安装条件，同时要便于检修和维护。批量生产的箱体一般采用铸造成型，常用材料有球墨铸铁或其他高强度铸铁。用铝合金或其他轻合金制造的箱体，可使其重量较铸铁降低 20% ~ 30%。但当轻合金铸件材料的强度性能指标较低时，需要增加铸造箱体的结构尺寸，可能使其降低重量的效果并不显著。单件小批量生产时，常采用焊接箱体结构。为保证箱体的质量，铸造或焊接结构的箱体均需在加工过程安排必要的去应力热处理环节。

　　齿轮箱在机架上的安装一般需考虑弹性减振装置，最简单的弹性减振器是用高强度橡胶和钢结构制成的弹性支座块（见图 3-39）。

　　在箱体上应设有观察窗，以便于装配和传动情况的检查。箱盖上还应设有透气罩、油标或油位指示器。采用强制润滑和冷却的齿轮箱，在箱体的合适部位需设置进出油口和相关的液压元件的安装位置。

图 3-39　弹性齿轮箱支撑

　　（4）传动效率与噪声　齿轮传动的效率一般比较高，齿轮传动效率与传动比、齿轮类型及润滑油粘度等诸多因素相关，根据经验：对于定轴传动齿轮，每级约有 2% 的损失，而行星轮每级约有 1% 的损失。在很多情况下，造成齿轮箱传动功率损失的主要原因，是齿侧的摩擦和润滑过程中以热或噪声形式的能量消耗，因此，有效的散热可以提高风电齿轮箱的传动效率。采用紧凑结构设计型齿轮箱需要考虑的主要问题，除了表面冷却装置外，一般还应该配备相应的润滑冷却系统。除此之外，齿轮箱的传动效率还与额定功率以及实际传递功率有关。机组传动载荷较小时，效率会有明显的下降，其原因是此种条件下的润滑、摩擦等空载损失的比重相对增大，会使传动效率相应地下降。

设计标准对齿轮箱的传动噪声也有相应要求，而噪声与齿轮箱传动构件的设计和制造质量密切相关。齿轮箱设计通常应提供传动噪声的声压级别，根据 DIN 标准的测试条件，在 1m 距离测得的声压值，通常希望控制在表 3-3 所示的范围内。

表 3-3　齿轮箱传动噪声的声压级别要求

齿　轮　箱	额定功率/kW	噪声级/dB(A)
小型平行轴	>100	76 ~ 80
中型平行轴	>1000	80 ~ 85
大型行星轮	1000 ~ 3000	100 ~ 105

注：dB(A)—噪声 A 声级。

4. 齿轮箱及轴承故障

齿轮在运行过程中，齿面承受交变压应力、交变摩擦力以及冲击载荷的作用，将会产生各种类型的损伤，导致运行故障甚至失效。齿轮失效的主要形式包括断齿、齿面变形和损伤。根据制造、安装、操作、维护、润滑、承载大小等方面的条件不同，故障发生的时间和程度有很大差异。图 3-40 所示为几种典型齿轮故障。

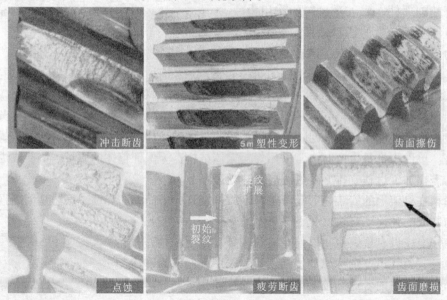

图 3-40　齿轮典型故障

（1）交变载荷引起的疲劳损伤　齿轮啮合过程中，齿面和齿根部均受周期交变载荷作用，在材料内部形成交变应力，当应力超过材料疲劳极限时，将在表面产生疲劳裂纹，随着裂纹不断扩展，最终导致疲劳损伤。这类损伤通常由小到大，由某个（几个）轮齿的局部到整个齿面逐渐扩展，最终导致齿轮失效，失效过程通常会持续一定的时间。疲劳失效主要表现为齿根断裂和齿面点蚀。

疲劳断齿：齿根主要承受交变弯曲应力，产生弯曲疲劳裂纹并不断扩展，最终使齿根剩余部分无法承受外载荷，造成断齿。

点蚀：齿面在接触点既有相对滚动，又有相对滑动。滚动过程随着接触点沿齿面不断变化，在表面产生交变接触压应力，而相对滑动摩擦力在节点两侧方向相反，产生交变脉动剪应力。两种交变应力的共同作用使齿面产生疲劳裂纹，当裂纹扩展到一定程度，将造成局部齿面金属剥落，形成小坑，称为"点蚀"故障。随着齿轮工作时间加长，点蚀故障逐渐扩大，各点蚀部位连成一片，将导致齿面整片金属剥落，齿厚减薄，造成轮齿从中间部位断裂。

（2）过载引起的损伤　如果设计载荷过大，或齿轮在工作承受严重的瞬时冲击、偏载，使接触部位局部应力超过材料的设计许用应力，导致轮齿产生突然损伤，轻则造成局部裂纹、塑性变形或胶合现象，重则造成轮齿断裂。

对于风电机组，由于瞬时阵风、变桨操作、制动、机组起停以及电网故障等作用，经常会发生传动系统载荷突然增加，超过设计载荷的现象。

过载断齿主要表现形式为脆性断裂，通常断面粗糙，有金属光泽。

（3）维护不当引起的故障　主要有齿面磨损和胶合，其他故障包括电蚀、腐蚀等。

齿面磨损：由于润滑不足或润滑油不清洁，将造成齿面严重的磨粒磨损，使齿廓逐渐减薄，间隙加大，最终可能导致断齿。

胶合：对于重载和高速齿轮，齿面温度较高，如果润滑条件不好，两个啮合齿可能发生熔焊现象，在齿面形成划痕，称为胶合。

（4）轴承故障　滚动轴承在正常工作条件下，由于受交变载荷作用，工作一定条件后，不可避免会产生疲劳损坏，导致轴承失效，达到所谓的轴承"寿命"。

轴承疲劳损坏的主要形式是在轴承内、外圈或滚动体上发生"点蚀"，点蚀发生机理与齿轮点蚀故障机理相同，即由于长期受交变应力作用，在材料表面层产生微裂纹，随着轴承运行时间加长，裂纹逐渐扩展，最终导致局部金属剥落，形成点蚀，如果不及时更换轴承，点蚀部位将逐渐扩展，造成轴承失效。轴承寿命是指发生点蚀破坏前轴承累计运行的小时数或转数。

超载造成轴承局部塑性变形、压痕；润滑不足造成轴承烧伤、胶合；润滑油不清洁造成轴承磨损；装配不当造成轴承卡死、内圈胀破、结构破碎等。

轴承损伤使轴承工作状态变坏，摩擦阻力增大、转动灵活性丧失、旋转精度降低、轴承温度升高、振动噪声加剧。

5. 齿轮箱的润滑与冷却

风电机组齿轮箱的失效形式与设计和运行工况有关，但良好的润滑是保证齿轮箱可靠运行的必备条件。为此，必须高度重视齿轮箱的润滑问题，配备可靠的润滑油和润滑系统。可靠的润滑系统是齿轮箱的重要配置，风电机组齿轮箱通常采用强制润滑系统，可以实现传动构件的良好润滑。同时，为确保极端环境温度条件的润滑油性能，一般需要考虑设置相应的加热和冷却装置。

齿轮箱还应设置对润滑油、高速端轴承等温度进行实时监测的传感器、空气过滤器，以及雷电保护装置等附件。

润滑油的品质是润滑决定性因素之一，对润滑油的基本要求是考虑其对齿轮和轴承的保护作用。选用的润滑油应关注的性能包括减少摩擦、较高的承载与防止胶合能力、降低振动冲击、防止疲劳点蚀和冷却防腐蚀等。

由于风电机组齿轮箱属于闭式硬齿面齿轮传动，齿面会产生高温和较大接触应力，在滑动与滚动摩擦的综合作用下，若润滑不良，很容易产生齿面胶合与点蚀失效。因此，硬齿面齿轮传动润滑油的选择，应重点保证足够的油膜厚度和边界膜强度。还应注意，常用润滑油使用一段时间后的性能将会降低，而高品质润滑油在其整个预期寿命内都应保持良好的抗磨损与抗胶合性能。

黏度是润滑油的另一个最重要的指标，为提高齿轮的承载能力和抗冲击能力，根据环境和操作条件，往往需要适当地选择一些添加剂构成合成润滑油。但添加剂有一些副作用，应注意所选择的合成润滑油的性能，保证在极低温度状况下具有较好的流动性，而在高温时的化学稳定性好并可抑制黏度降低。

为解决低温下起动时普通矿物油解冻问题，高寒地区安装的机组需要设置油加热装置，一般安装在油箱底部。在冬季低温状况下，可将油液加热至一定温度再起动机组，避免因油流动性降低造成的润滑失效。

6. 轴承

风电机组齿轮箱中较多采用圆柱滚子轴承、调心滚子轴承或深沟球轴承。国内外有关标准对风电机组齿轮箱轴承的一般规定为，行星架应采用深沟球轴承或圆柱滚子轴承；速度较低的中间轴可选用深沟球轴承、球面滚子推力轴承或圆柱滚子轴承，高速的中间轴则应选择四点接触球轴承或圆柱滚子轴承，高速输出轴和行星轮采用圆柱滚子轴承等，具体可结合设计需要查阅。

风电齿轮箱轴承的承载压力往往很大，如有些推力球轴承的球与滚道间最大接触压力可达 $1.66GPa$。此外轴承旋转，承载区域将承受周期性变化的载荷，亦即滚道表面将受循环应力作用，会导致轴承由于滚动表面的疲劳而失效。

在通用的轴承设计标准（如 ISO 281）中，一般对轴承额定寿命计算有很多的条件假设。但对于对风电机组使用的大型轴承而言，设计中需要考虑标准的适用条件。例如，滚动表面粗糙部分的接触可能导致该处的接触压力值显著增加。特别是在润滑不足油膜不够的情况下，高载和低载产生的粗糙接触所导致塑性变形是轴承的失效源之一。

对于低速重载工况运行的轴承，若油膜厚度很小，容易导致很高的应力值，使轴承产生疲劳失效。此外，金属颗粒的污染物也容易引起轴承失效，金属颗粒引起的压痕导致了局部高接触应力，损伤的轴承滚道由于压力分布以及变形后的几何形状将导致该处成为失效点。

高速运行工况的轴承，可能出现速度不匀和滑动现象。当然，在润滑良好的情况下轴承滚动体的滑动不一定导致轴承损伤；但若润滑不足时，滑动产生的热量将导致接触表面的损伤或粘着磨损，并进一步转化为灰色斑和擦伤。

表3-4 为推荐的风电机组轴承的运行温度，需要根据滚动轴承的运行温度设计润滑。滚动轴承的润滑方式主要有飞溅润滑和强制润滑两种，大型风电机组通常采用带有外部润滑油供给辅助系统的强制润滑。

表 3-4 轴承运行温度

轴承位置	高速轴	高速中间轴	低速中间轴	行星轮	低速轴
飞溅润滑	油箱温度 +15℃	油箱温度 +10℃	油箱温度 +5℃	—	油箱温度
强制润滑	进口温度 +5℃				

3.3.3 轴的连接与制动

1. 高速轴联轴器

为实现机组传动链部件间的转矩传递，传动链的轴系还需要设置必要的连接构件（如联轴器等）。图 3-41 为某风电机组高速轴与发电机轴间的联轴器结构示意。齿轮箱高速轴与发电机轴的连接构件一般采用柔性联轴器，以弥补机组运行过程轴系的安装误差，解决主传动链的轴系不对中问题。同时，柔性联轴器还可以增加传动链的系统阻尼，减少振动的传递。

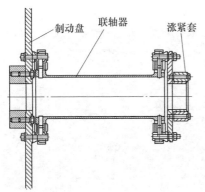

图 3-41 某机组的联轴器

齿轮箱与发电机之间的联轴器设计，需要同时考虑对机组的安全保护功能。由于机组运行过程可能产生异常情况下的传动链过载，如发电机短路导致的转矩甚至可以达到额定值的 6 倍，为了降低设计成本，不可能将该转矩值作为传动系统的设计参数。采用在高速轴上安装防止过载的柔性安全联轴器，不仅可以保护重要部件的安全，也可以降低齿轮箱的设计与制造成本。

联轴器设计还需要考虑完备的绝缘措施，以防止发电系统寄生电流对齿轮箱产生不良影响。

2. 机械制动机构

当遇有破坏性大风、风电机组运转出现异常或者需要对机组进行保养维修时，需用制动机构使风轮静止下来。大型风电机组的制动机构均由气动制动和机械制动两个部分组成，在实际制动操作过程中，首先执行气动制动，使风轮转速降到一定程度后，再执行机械制动。只有在紧急制动情况下，同时执行气动和机械制动。

气动制动的机理在前面 3.2 节中做了介绍，定桨距机组通过叶尖制动机构实现气动制动，变桨距机组则通过将叶片桨距角调整到顺桨位置，就可以实现气动制动。

机械制动机构一般采用盘式结构，如图 3-41 所示，制动盘安装在齿轮箱输出轴与发电机轴的弹性联轴器前端，制动时，液压制动器抱紧制动盘，通过摩擦力实现制动。机械制动系统需要一套液压系统提供动力。对于采用液压变桨系统的风电机组，为了使系统简单、紧凑，可以使变桨距机构和机械制动机构共用一个液压系统。

3.4 机舱、主机架与偏航系统

3.4.1 机舱

    风力发电机组在野外运转，工作条件恶劣，为了保护传动系统、发电机以及控制装置等部件，将它们用轻质外罩封闭起来，称为机舱。图 3-42 所示为机舱内部部件布置及机舱的整体吊装情况。机舱通常采用重量轻、强度高、耐腐蚀的玻璃钢制作。

图 3-42 传动系统在机舱内布置及装配现场

3.4.2 主机架

    主机架用于安装风电机组的传动系统及发电机，并于塔架顶端连接，将风轮和传动系统产生的所有载荷传递到塔架上。图 3-43 所示为一种三点式主轴支撑风电机组的主机架结构，图中同时示出轮毂和机舱内部结构及各个部件与主机架的安装关系。

图 3-43 三点式主轴支撑风电机组的主机架结构

    图 3-44 为主轴轴承与齿轮箱集成形式的风电机组的主机架结构。

3.4.3 偏航系统

偏航系统主要用于调整风轮的对风方向。下风向风力机的风轮能自然地对准风向，因此一般不需要进行调向控制（对大型的下风向风力机，为减轻结构上的振动，往往也采用对风控制系统）。上风向风力机则必须采用偏航系统进行调向，以使风力机正面迎风。

大型风电机组主要采用电动机驱动的偏航系统。该系统的风向感受信号来自装在机舱上面的风向标。通过控制系统实现风轮方向的调整。

图 3-44 主轴轴承与齿轮箱集成形式的风电机组主机架

1. 基本构成

偏航系统是水平轴风电机组的重要组成部分。根据风向的变化，偏航操作装置按系统控制单元发出指令，使风轮处于迎风状态，同时还应提供必要的锁紧力矩，以保证机组的安全运行和停机状态的需要。

偏航操作装置主要由偏航轴承、传动、驱动与制动等功能部件或机构组成。偏航系统要求的运行速度较低，且结构设计所允许的安装空间、承受的载荷更大，因而需要有更多的技术解决方案可供选择。图 3-45 是一种采用滑动轴承支撑的主动偏航装置结构示意图。偏航操作装置安装于塔架与主机架之间，采用滑动轴承实现主机架轴向和径向的定位与支撑；用四组偏航电动机主轴轴承与齿轮箱集成形式的风电机组主机架与塔架固定连接的大齿圈，实现偏航的操作。在齿圈的上、下和内圆表面分别装有复合材料制作的滑动垫片，通过固定齿圈与主机架运动部位的配合，构成主机架的轴向和径向支撑（即偏航轴承）。在主机架上安装主传动链部件和偏航驱动装置，通过偏航滑动轴承实现与大齿圈的连接和偏航传动。

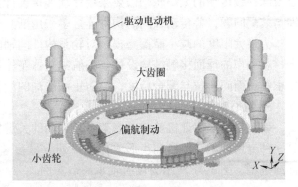

图 3-45 偏航系统结构示意图

当需要随风向改变风轮位置时，通过安装在驱动部件上的小齿轮与大齿圈啮合，带动主机架和机舱旋转使风轮对准风向。

2. 偏航驱动部件

如图 3-46 所示，采用电力拖动的偏航驱动部件一般由电动机、大速比减速机和开式齿轮传动副组成，通过法兰连接安装在主机架上。

偏航驱动电动机一般选用转速较高的电动机，以尽可能减小体积。但由于偏航驱动所要求的输出转速又很低，必须采用紧凑型的大速比减速机，以满足偏航动作要求。偏航减速器可选择立式或其他形式安装，采用多级行星轮系传动，以实现大速比、紧凑型传动的要求。

偏航减速器多采用硬齿面啮合设计，减速器中主要传动构件，可采用低碳合金钢材料，如 17CrNiMo6、42CrMoA 等制造，齿面热处理状态一般为渗碳淬硬（硬度一般大于HRC58）。

a) 偏航机构构成   b) 偏航驱动电动机及减速箱内部结构

图 3-46   偏航驱动机构

根据传动比要求，偏航减速器通常需要采用 3-4 级行星轮传动方案，而大速比行星齿轮的功率分流和均载是其结构设计的关键。同时，若考虑立式安装条件，设计也需要特别关注轮系构件的重力对均载问题影响。为此，此种行星齿轮传动装置的前三级行星轮的系杆构件以及除一级传动的太阳轮轴需要采用浮动连接设计方案。为解决各级行星传动轮系构件的干涉与装配问题，各传动级间的构件连接多采用渐开线花键连接。

为最大限度的减小摩擦磨损，对轮系构件的轴向限位需要特别注意。一些减速机采用复合材料制作的球面接触结构设计。偏航减速器箱体等结合面间需要设计良好的密封，并严格要求结合面间形位与配合精度，以防止润滑油的渗漏。

3. 偏航轴承

偏航轴承是保证机舱相对塔架可靠运动的关键构件，采用滚动体支撑的偏航轴承虽然也是一种专用轴承，但已初步形成标准系列。可参考机械行业标准 JB/T 10705—2007 进行设计或选型。图 3-47 所示为偏航轴承制造实例。

图 3-47   制造中的偏航轴承

滚动体支撑的偏航轴承与变桨轴承相似，如图 3-48 所示。相对普通轴承而言，偏航轴承的显著结构特征在于，具有可实现外啮合或内啮合的齿轮轮齿。

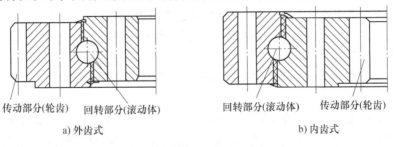

a) 外齿式   b) 内齿式

图 3-48　偏航轴承结构示意

风电机组偏航运动的速度很低，一般轴承的转速 $n \leqslant 10 r/min$。但要求轴承部件有较高的承载能力和可靠性，可同时承受机组的几乎所有运动部件产生的轴向、径向力和倾翻力矩等载荷。考虑到机组的运行特性，此类轴承需要承受载荷的变动幅度较大，因此对动载荷条件下滚动体的接触和疲劳强度设计要求较高。

偏航轴承的齿轮为开式传动，轮齿的损伤是导致偏航和变桨轴承失效的重要因素。由于设计载荷难以准确掌握，传动部分的结构强度往往决定了轴承的设计质量，是设计中应重点关注的内容。同时，由于此种开式齿轮传动副，需要与之啮合的小齿轮现场安装形成。其啮合间隙和润滑条件均难以保证，给齿轮设计带来一定困难。

4. 偏航制动

为保证机组运行的稳定性，偏航系统一般需要设置制动器，多采用液压钳盘式制动器，图 3-49 给出了一种钳盘式制动器设计结构。如图所示，制动器的环状制动盘通常装于塔架（或塔架与主机架的适配环节）。制动盘的材质应具有足够的强度和韧性，如采用焊接连接，材质还应具有比较好的可焊性。一般要求机组寿命期内制动盘主体不出现疲劳等形式的失效损坏。

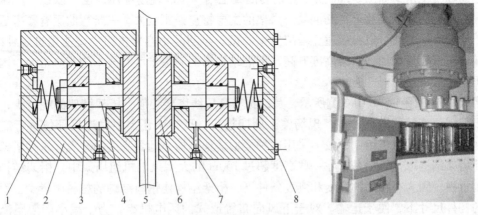

图 3-49　偏航制动部件
1—弹簧　2—制动钳体　3—活塞　4—活塞杆　5—制动盘　6—制动衬块　7—管件接头　8—螺栓

制动钳一般由制动钳体和制动衬块组成，钳体通过高强度螺栓连接于主机架上，制动衬块应由专用的耐磨材料（如铜基或铁基粉末冶金）制成。

对偏航制动器的基本设计要求，是保证机组额定负载下的制动力矩稳定，所提供的阻尼力矩平稳（与设计值的偏差小于5%），且制动过程没有异常噪声。制动器在额定负载下闭合时，制动衬垫和制动盘的贴合面积应不小于设计面积的50%；制动衬垫周边与制动钳体的配合间隙应不大于0.5mm。

制动器应设有自动补偿机构，以便在制动衬块磨损时进行间隙的自动补偿，保证制动力矩和偏航阻尼力矩的要求。

偏航制动器可采用常闭和常开两种结构形式。其中，常闭式制动器是指在有驱动力作用条件下制动器处于松开状态；常开式制动器则是在驱动力作用时处于锁紧状态。考虑制动器的失效保护，偏航制动器多采用常闭式制动结构形式。

3.5 塔架与基础

塔架是风电机组的支撑部件，承受机组的重量、风载荷以及运行中产生的各种动载荷，并将这些载荷传递到基础。大型并网风力发电机组塔架高度一般超过几十米，甚至超过百米，重量约占整个机组重量的一半左右，成本占风力发电机组制造成本的15%~20%。由于风电机组的主要部件全部安装在塔架顶端，因此塔架一旦发生倾倒垮塌，往往造成整个机组报废。因此塔架和基础对整个风电机组的安全性和经济性具有重要影响。对塔架和基础的要求是，保证机组在所有可能出现的载荷条件下保持稳定状态，不能出现倾倒、失稳或其他问题。

3.5.1 塔架

1. 结构类型

风电机组塔架结构形式主要有钢筋混凝土结构、桁架结构和钢筒结构三种。

钢筋混凝土塔架如图3-50a所示。钢筋混凝土结构可以现场浇注，也可以在工厂做成预制件，然后运到现场组装。钢筋混凝土塔架的主要特点是刚度大，一阶弯曲固有频率远高于机组工作频率，因而可以有效避免塔架发生共振。早期的小容量机组中曾使用过这种结构。但是随着机组容量增加，塔架高度升高，钢混结构塔的制造难度和成本均相应增大，因此在大型机组中很少使用。

桁架塔架如图3-50b中右侧所示，其结构与高压线塔架相似。桁架塔架的耗材少，便于运输；但需要连接的零部件多，现场施工周期较长，运行中还需要对连接部位进行定期检查。在早期小型风电机组中，较多采用这种类型塔架结构。随着高度的增大，这种塔架逐渐被钢筒塔架结构取代。但是，在一些高度超过100m的大型风电机组塔架中，桁架结构又重新受到重视。因为在相同的高度和刚度条件下，桁架结构比钢筒结构的材料用量少，而且桁架塔的构件尺寸下，便于运输。对于下风向布置形式的风电机组，为了减小塔架尾流的影响，也多采用桁架结构塔架。

钢筒塔架如图3-50b左侧所示，是目前大型风电机组主要采用的结构形式，从设计与制造、安装和维护等方面看，这种形式的塔架指标相对比较均衡。本章内容将主要讨论的钢筒塔架的相关问题。

a) 钢筋混凝土结构塔架   b) 钢筒塔架和桁架塔架

图 3-50 风电机组塔架结构

2. 塔架结构特征

风电机组的额定功率取决于风轮直径和塔架高度，随着风电机组不断向大功率方向发展，风轮直径越来越大，塔架也相应地越来越高。但是为了降低造价，塔架的重量往往受到限制，塔架的结构刚度相对较低。因此细长、轻质塔架体现了风电机组塔架的主要结构特征，也对塔架结构的设计、制造提出了更高的要求。

（1）塔架高度　塔架高度是塔架设计的主要因素，塔架高度决定了塔架的类型、载荷大小、结构尺寸以及刚度和稳定性等。塔架越高，需要材料越多，造价高，同时运输、安装和维护问题也越大。因此在进行塔架设计时，首先应对塔架高度进行优化。在此基础上，完成塔架的结构设计和校核。

塔架高度 H 与风轮直径 D 具有一定的比例关系，在风轮直径 D 已经确定的条件下，可以按照下式初步确定塔架高度：

$$H = (1 \sim 1.3)D \qquad (3\text{-}8)$$

确定塔架高度时，应考虑风电机组附近的地形地貌特征。对于同样容量的风电机组，在陆地和海上的塔架高度不同。陆地地表粗糙，风速随高度变化缓慢，需要较高的塔架。而海平面相对光滑，风速随高度变化大，因此塔架高度相对较小。塔架最低高度可以按下式确定：

$$H = h + h_c + R \qquad (3\text{-}9)$$

式中，h 为机组附近障碍物高度；h_c 为障碍物最高点到风轮扫掠面最低点距离，最小取 $1.5 \sim 2.0\text{m}$；R 为风轮半径。

（2）塔架刚度　刚度是结构抵抗变形的能力。钢筒塔架是质量均匀分布的细长结构，塔顶端安装占机组约 1/2 重量的风轮和机舱，质量相对集中，刚度较低。塔架结构的固有频率取决于塔架的刚度和质量，刚度越低，固有频率越低。机组运行时，塔架承受风轮旋转产生的周期性载荷，如果载荷的频率接近甚至等于塔架的固有频率，将会产生共振现象，使塔架产生很大的振动。因此对于刚度较低的塔架结构，振动问题是塔架设计考虑的主要因素之一。为保证作用在塔架上的周期性载荷的频率（如风轮旋转频率、叶片通过频率及其谐振频率等）避开塔架结构弯曲振动的固有频率，要求塔架具有合适的刚度。

按照整体刚度不同，塔架结构形式可以分为两类：

1) 刚性塔架。刚度较高，塔架的一阶弯曲振动固有频率高于叶片通过频率。例如钢筋混凝土塔架结构。其优点是可以有效避免共振，缺点是使用材料多，成本高，现代大型风电机组很少采用这类刚性塔架结构。

2) 柔性塔架。整体刚度较低，塔架的一阶弯曲振动固有频率低于叶片通过频率。通常把塔架的一阶弯曲振动固有频率介于风轮旋转频率和叶片通过频率之间的塔架称为柔性塔架，而把一阶弯曲振动固有频率低于风轮旋转频率的塔架称为超柔性塔架。钢筒塔架通常均为柔性塔架，其优点是塔架重量小、耗材少、成本低，但是由于塔架固有频率与风轮旋转频率以及叶片通过频率处于同一数量级，如果结构设计不当，可能使得在风轮的工作转速范围内，风轮旋转频率或叶片通过频率与塔架固有频率发生重叠，产生严重的共振现象，因此要求对塔架动态特性进行精确的分析计算和调整，使塔架一阶弯曲振动固有频率避开风轮旋转频率和叶片通过频率，避免运行中由于结构共振造成的载荷放大。

3. 钢筒塔架制造、运输及安装

随着风电机组容量逐渐加大，塔架的高度、重量和直径相应增大。一些大型兆瓦机组塔架高度超过100m，重量超过100t。如果塔筒重量太大、直径超标，都将给运输和安装带来新的问题。

对于高度超过30m的锥形钢筒塔，通常分成几段进行加工制造，然后运输到现场进行安装，用螺栓将各段塔筒连接成整体。塔筒的分段加工主要考虑制造成本、运输能力、生产批量和条件等因素，每段长度一般不超过30m。

塔筒通常采用宽度为2m、厚度为10~40mm的钢板，经过卷板机卷成筒状，然后焊接而成（见图3-51）。当钢板厚度小于40mm时，可以采用常规卷板设备进行加工。而当厚度超过40mm时，常规卷板设备不能加工，需要特制的卷板设备。

图 3-51　塔筒加工

　　塔筒材料的选择依据环境条件而定，可以选用碳素结构钢 Q235B、Q235C、Q235D，或高强度结构钢 Q345B、Q345C、Q345D。连接法兰一般选用高强度钢。

　　塔筒通常采用自动焊，焊接应严格按照焊接工艺规程，焊缝要求严格。焊接加工后，应进行消除应力处理，并对焊缝做超声波或 X 射线探伤，检查是否存在焊接缺陷。每段塔筒加工完成后，表面涂防锈漆和装饰漆。

　　每段塔筒两端焊有连接法兰，在现场安装时，用螺栓将各节塔筒连成一体，形成最终的整体塔筒。法兰与钢筒的焊接要求很高，不能出现焊接变形。要求两节塔筒连接后，在连接法兰处不能出现间隙。连接法兰在塔筒内部，便于安装螺栓和检修，如图 3-52 所示。此外，在塔筒内部每隔一段距离（例如 3m）加内部刚度加强环。

　　塔架顶部与机舱通过水平偏航轴承法兰连接。塔筒一侧通常是偏航轴承的静止部分，通常采用高强度铸钢。塔筒底部开门处采取折边和加强筋，避免局部失稳。

　　各段塔筒加工完后，在存放、运输和安装现场均水平放置，末端用木头垫起，并用地毯等软材料保护。塔筒安装环境条件要求，现场最大风速小于 10m/s；基础法兰的水平度不超过 0.3mm，并且没有严重划痕。塔筒安装所用到的连接螺栓和螺母应由同一厂家提供，成套使用。

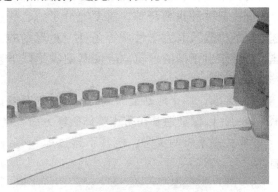

图 3-52　塔筒法兰连接

　　在进行塔筒吊装前，将通信电缆放入塔筒内固定好，塔筒内安装照明灯。安装前 2h 内，法兰表面距外缘 10mm 处涂上薄层密封胶；检查塔筒表面损伤、法兰表面损伤及法兰表面形状。

　　塔筒吊装之前，先将控制柜放在基础底座上（见图 3-53）。在塔筒顶法兰上均匀固定 4 个起吊装置，使销螺栓保持水平，均匀上紧螺栓。

图 3-53　塔筒吊装

　　吊装完成后，紧固所有基础螺栓，并按规定检查螺栓连接状态。安装塔筒的螺栓和螺母均不可加润滑剂。

4. 塔筒内部布置

塔筒内部布置包括工作人员攀登到机舱用的扶梯、用于起吊维护维修机具的小型卷扬机、机舱上设备的动力线及信号线以及位于塔架底部的控制柜等。对于大型机组，也有将变压器放在塔架底部。塔筒内部结构如图 3-54 所示。

3.5.2 陆上风电机组的基础

塔架基础通常采用钢筋混凝土结构，如图 3-55。混凝土的重量应能够平衡整个机组的倾翻力矩。其影响因素首先应考虑极端风速条件下的叶片产生的推力载荷，以及机组运行状态下的最大载荷。

对机组安装现场的工程地质勘察是塔架基础设计的先决条件和重要环节。需要充分了解、研究地基土层的构造及其力学性质等条件，对现场的工程地质条件作出正确的评价。应使基础满足以下基本设计条件：

图 3-54　塔筒内部结构示意

1）要求作用于地基上的载荷不超过地基容许的承载能力，以保证地基在防止整体破坏方面有足够的安全储备。

2）控制基础的沉降，使其不超过地基容许的变形值，以确保机组不受地基变形的影响。

图 3-55　塔架基础

1. 基础形式

塔架基础均为现浇钢筋混凝土独立基础，根据风电场场址工程地质条件和地基承载力以及基础荷载、结构等条件有较多设计形式。从结构的形式看，常见的有板状、桩式和桁架式等基础。

（1）板状基础　图 3-56 为四种形式的板状基础结构，这类板状基础结构适用于岩床距离地表面比较近的场合。

板式基础的轴向截面形状以圆形为理想状态，但是考虑到搭建圆形混凝土浇注模板比较复杂，经常使用多边形作为替代，如八角形，甚至方形的，可以简化浇注挡板和基础内的钢筋布置。

（2）桩基础　当地表条件较差时，采用桩基础比板层基础可以更有效地利用材料。图 3-57 为三种桩基础设计形式。

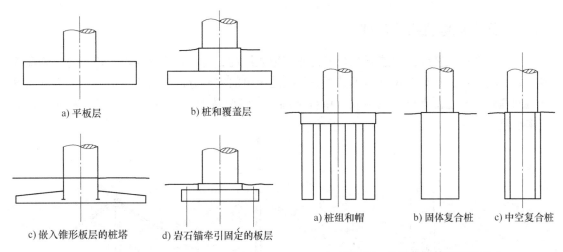

a) 平板层　　　　b) 桩和覆盖层

c) 嵌入锥形板层的桩塔　　d) 岩石锚牵引固定的板层

图 3-56　板式基础四种形式

a) 桩组和帽　　b) 固体复合桩　　c) 中空复合桩

图 3-57　几种桩基础的设计形式

2. 基础尺寸

基础的结构尺寸取决于机组容量大小，其影响因素主要是极端风速下的载荷，以及外机组运行状态下的最大载荷。影响基础的载荷主要是叶片产生的推力。不同类型机组产生的推力不一样，例如变桨机组的叶片最大推力发生在额定风速处，而失速机组的叶片推力在额定风速以上仍有可能增加。此外由于失速机组不能顺桨，因此在极端风速下，即使机组处在静止状态，仍会产生很大推力。

基础设计主要考虑风电机组承受的静载荷，一般不考虑疲劳载荷。设计安全系数取1.2。

基础面积不能太小，以避免对土壤造成太大压力。要进行基础最大压力计算，以确定土壤支撑面承载能力、土壤允许压强，保证机组不会下沉。

图 3-58 给出一个风电机组基础尺寸实例。风轮直径为 66m，轮毂高度 78m，塔筒根部直径 4m。基础形式为圆形板式基础，直径 13m，埋入土中深度 2.5m。

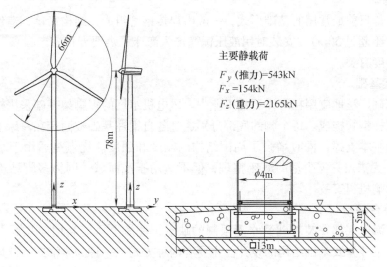

主要静载荷

F_y (推力)=543kN

F_x =154kN

F_z (重力)=2165kN

图 3-58　塔架基础尺寸

3.5.3 海上风电机组的基础

海上风电机组基础的建造要综合考虑海床地质结构、离岸距离、风浪等级、海流情况等多方面影响，这也是海上风电施工难度高于陆地风电的主要方面。目前，适用于近海的风电机组的基础形式主要有重力固定式、单桩基础、多脚架基础等。图 3-59 为三种基础形式的结构示意图。

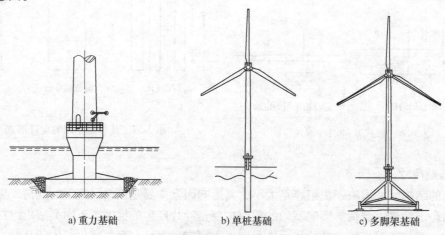

a) 重力基础   b) 单桩基础   c) 多脚架基础

图 3-59 适用于近海风电机组的基础形式

1. 重力基础

最常见的形式是钢筋混凝土重力基础。重力式基础结构简单，造价低，抗风暴和风浪袭击性能好，其稳定性和可靠性是所有基础中最好的。但是只适用不超过 10m 的水域，因为所需基础重量随着水深的增加而增加，其经济性会下降，造价反而比其他类型基础要高。重力基础通常在海上场址附近的码头用钢筋混凝土建造，然后将其漂到安装位置，并用沙砾、混凝土、岩石或铁矿石等装满以获得必要的重量，最后使用特殊驳船将其沉入海底。

2. 单桩基础

单桩基础是目前最常用的基础形式，一般由焊接钢管组成，结构简单，造价较低，适用水深范围大（不超过 30m）。安装时用液压锤撞击入海床，需要专用安装设备。单桩基础的长度与土壤强度有关。

3. 多脚架基础

多脚架基础广泛地应用在海洋石油工业中。风电机组用的多脚架基础采用标准的多脚支撑结构，由圆柱钢管构成。每个脚的底部分别通过各自钢柱基础被固定在海床上，其中心轴提供了塔筒的基本支撑，同时增强了周围结构的刚度和强度。优点是适用于水深范围较大（20m 左右），无需或只需少量的海床整理；但不适用于浅海域，因为多脚结构使安装船只难以靠近，影响机组安装。

4. 浮动平台基础

为了克服海床底部安装基础受水深限制的缺点，使海上风能利用向几百米的深水域发展，国外出现了浮置式基础结构的设计。主要有两种方式，一种为半潜式，浮体结构位于海面以下，由锚泊系统固定，其上可安装多台风电机组。另一种为漂浮式，由塔架、浮体和锚泊装置组成,承载风电机组的浮置结构飘浮在水面上。目前这些基础结构还处于研究试验阶段。

3.6　风电机组其他部件

风电机组设备中,除了以上介绍的各个部件和系统以外,还包括发电机、控制系统等主要部分。发电机是将风能最终转变为电能的设备。控制系统是风电机组核心系统,对机组在整个起动停机、并网运行、变频调速、变桨偏航、安全保护、紧急制动等各个环节进行监控,保证机组安全高效运行。本章内容只介绍了风电机组中的机械部件。发电机和控制系统具有特殊性,其相关知识分别在后续的第 4 章和第 5 章介绍。

思　考　题

1. 简述上风向机组和下风向机组的特点。
2. 简述失速机组和变桨机组的特点。
3. 简述带齿轮箱机组、直驱机组的特点。
4. 为什么现代并网风电机组的风轮多为三叶片结构?
5. 什么是风轮锥角和风轮仰角?
6. 什么是风电机组设计级别,国际标准规定的风电机组设计级别有几类?
7. 风电机组叶片都有哪些特征?
8. 叶片都有哪些失效形式?
9. 简述风轮主轴的支撑形式及其特点。
10. 简述风电机组增速齿轮箱的特点。
11. 简述齿轮的主要失效形式。
12. 简述轴承的主要失效形式。
13. 为什么风电机组的机械制动器多布置在高速轴上?
14. 简述偏航系统的构成和作用。
15. 什么是柔性塔?

第4章 风力发电机

根据前面章节介绍可知，风轮可将捕获的风能转换成机械能，带动风轮主轴和传动机构旋转。以图4-1给出的一台有齿轮箱传动系统的并网风力发电机组结构示意图为例，其中连接在旋转轴上的发电机，作为风电机组的一个重要组成部分，在接收风轮输出的机械转矩随轴旋转的同时，将通过电磁感应原理，产生感应电动势，最终完成由机械能到电能的转换过程。

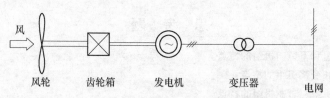

图4-1　有齿轮箱的并网风力发电机组示意图

由于发电机的种类、形式十分繁多，在风力发电机组中使用的发电机可采用多种类型，因此组成的风电系统也呈现出不同的结构和特点。本章主要讲解风电机组中发电机设备的基本知识。首先阐述发电机的工作原理，以了解电能的产生过程和影响发电机并网的一些重要参数。然后介绍并网运行的风力发电机及其特点，其控制系统将在第5章中描述。

4.1 发电机的工作原理

4.1.1 发电机的基本类型

发电机是利用电磁感应原理把机械能转换成电能的装置。在原动机（风力发电系统中对应的是风力机）的拖动下，当发电机中的线圈绕组切割磁力线，则在线圈绕组上就会有感应电动势产生。通常意义来讲，相对于磁极而言，产生感应电动势的线圈绕组通常被称为电枢绕组。无论是何种类型的发电机，其基本组成部分都是产生感应电动势的线圈（通常叫电枢）和产生磁场的磁极或线圈。转动的部分叫转子，不动的部分叫定子。

发电机作为机械能转换成电能的装置，其种类、形式主要有：

1. 按照输出电流的形式划分

按照输出电流的不同形式，发电机可分为：

（1）直流发电机　发电机输出的能量为直流电能。

（2）交流发电机　发电机输出的能量为交流电能。同步发电机，异步发电机，双馈异步发电机，永磁低速直驱发电机都发出交流电能。

2. 按照磁极产生的方式划分

按照磁极产生的方式不同，发电机在结构上可分为：

（1）永磁式发电机 利用永久磁铁产生发电机内部的磁场，提供发电机需要的励磁磁通。图 4-2 给出了一个风力机拖动的离网的永磁式直流发电机的示意图。

图中，n 为发电机转速；E_a 为绕组感应电动势；R_a 为电枢绕组电阻；I_a 为电枢电流；U 为电枢端电压；T_m 为风力机的拖动转矩；T_{em} 为电磁转矩；T_0 为机械摩擦阻转矩。

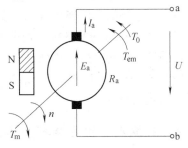

图 4-2 永磁式直流发电机

（2）电励磁式发电机 借助在励磁线圈内流过电流来产生磁场，以提供发电机所需的励磁磁通。这种励磁方式的好处是可以通过改变励磁电流来调节励磁磁通。

电励磁式发电机根据励磁电流的产生方式可分为：

1）他励发电机。励磁电流由其他电源供给，如图 4-3a 所示。

2）自励发电机。励磁电流是由发电机本身供给的。在发电机有剩磁的情况下，将励磁绕组极性正确地接入，使得励磁回路的电流所产生的磁动势增强发电机的剩余磁通，以建立端电压。按励磁绕组的连接方法不同可分为以下三种：并励发电机，串励发电机，复励发电机，如图 4-3b ~ 4-3d 所示。并励发电机的励磁绕组和电枢绕组并联；串励发电机指的是励磁绕组和电枢绕组串联；复励发电机有两个励磁绕组，其中并励绕组与电枢绕组并联，串励绕组与电枢绕组串联。当串励绕组产生的磁动势与并励绕组产生的磁动势方向相同时，两者相加，称为积复励，当串励绕组产生的磁动势与并励绕组产生的磁动势方向相反时，两者相加，称为差复励。

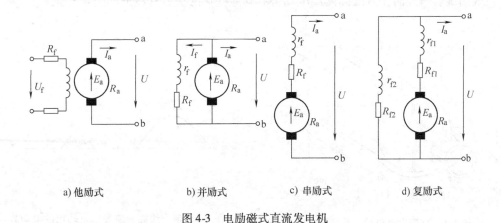

a) 他励式　　　　b) 并励式　　　　c) 串励式　　　　d) 复励式

图 4-3 电励磁式直流发电机

3. 根据电枢绕组和磁极的相对运动关系的不同划分

按照电枢绕组和磁极的运动关系，发电机在结构上可分为：

（1）旋转磁极式（简称转磁式或转场式） 发电机的电枢绕组在定子上不动，产生磁场的磁极或励磁绕组在转子上，由原动机带动旋转。利用旋转的磁极在电枢中做相对运动，从而在电枢绕组中感应出电动势。

（2）旋转电枢式（简称转枢式） 磁极在定子上不动，发电机的电枢绕组随转子转动，切割磁力线并感应出电动势。

4. 按照发电机与电网的连接方式划分

按照与电网的不同连接方式，发电机可分为

（1）离网运行的发电机　发电机单台独立运行，所发出的电能不接入电网，发电机通过一定的控制结构直接向负载供电。

（2）并网运行的发电机　发电机与电网连接运行，发电机发出的电能送入电网，通过电网向负载供电。

4.1.2 直流发电机的基本工作原理

发电机是利用电磁感应原理来产生电能的。根据电磁感应定律可知，如果导体产生切割磁力线的运动，就会在导体两端产生感应电动势，发电机正是利用这一原理工作的。下面以直流发电机为例，介绍电枢绕组产生感应电动势的过程。

图 4-4 给出了转枢式直流发电机的原理示意图。图中发电机转子（电枢）由风力机拖动，以恒定速度按逆时针方向旋转。当线圈 ab 边在 N 极范围内运动切割磁力线时，根据右手定则可知，感应电动势的方向是 d—c—b—a。此时，与线圈 a 端连接的换向片 1 和电刷 A 处于正电位，电刷 B 的电位是负。当线圈的 ab 边转到 S 极范围内，根据右手定则，此时感应电动势的方向是 a—b—c—d。但由于电刷是不动的，d 端线圈连接的换向片 2 与电刷 A 接触，电刷 A 的电位仍然为正，电刷 B 的电位仍然为负。由此可知，在线圈不停的旋转过程中，由于电刷与换向片的作用，直流发电机对外电路负载上输出恒定方向的电压和电流。

当线圈旋转一周时，其线圈两端电动势脉动地变化两次，其波形如图 4-5 所示。

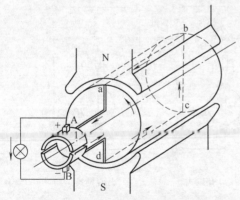

图 4-4　直流发电机的工作原理

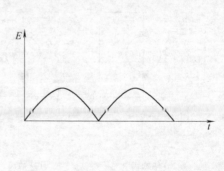

图 4-5　单个线圈直流发电机输出的电动势

为了减少电动势脉动现象，可在每个磁极范围内绕多个线圈，线圈越多，电动势的脉动就越小。图 4-6 所示为直流发电机有 8 个线圈绕在一个圆筒形的铁心上，换向器由 8 个相互绝缘的换向片组成。每个线圈分别接到相邻的换向片上，此时电刷 A、B 之间的电动势始终是处于 N 极（或 S 极）范围内所有线圈的电动势之和，如图 4-7 所示，其电动势脉动要比单线圈发电机小很多。实践分析表明，当每个磁极范围的导体数目大于 8 时，电动势的脉动程度将小于 1%，可近似认为是恒定的直流电动势。

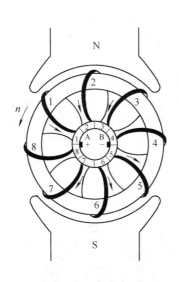

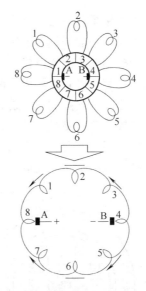

a)8 个线圈接在 8 个换向片上　　　b)线圈经过换向器连接形成一个闭合回路

图 4-6　由 8 线圈组成的直流发电机

由上述原理可知，直流发电机可以直接输出直流电，不需要整流装置就能给蓄电池充电。但是直流发电机本身需要换向器和电刷，使制造成本增高，也增加了维护工作量。

在现代工农业生产和日常生活中所用的电，大都是交变电流，因此并网的发电机为交流发电机，下面分别介绍同步交流发电机和异步交流发电机的工作原理。

图 4-7　当线圈和换向片数目增多时，
电刷两端的电动势波形

4.1.3　同步交流发电机的基本工作原理

1. 结构

发电系统使用的同步发电机绝大部分是三相同步发电机。同步发电机主要包括定子和转子两部分。图 4-8 给出了最常用的转场式同步发电机的结构模型。在转场式同步发电机中，定子是同步发电机产生感应电动势的部件，由定子铁心、三相电枢绕组和起支撑及固定作用的机座等组成，其定子铁心的内圆均匀分布着定子槽，槽内嵌放着按一定规律排列的三相对称交流绕组（电枢绕组）。转子是同步发电机产生磁场的部件，包括转子铁心、励磁绕组、集电环等环节。转子铁心上装有制成一定形状的成对磁极，磁极上绕有励磁绕组，当通以直流电流时，将会产生 个磁场，该磁场可以通过调节励磁绕组流过的直流电流来进行调节。同步发电机的励磁系统一般分为两类，一类是用直流发电机

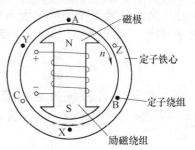

图 4-8　同步发电机的结构模型

作为励磁电源的直流励磁系统，另一类是用整流装置将交流变成直流后供给励磁的整流励磁系统。发电机容量大时，一般采用整流励磁系统。同步发电机是一种转子转速与电枢电动势频率之间保持关系严格不变的交流电机。

同步发电机的转子有凸极式和隐极式两种，如图4-9所示。隐极式的同步发电机转子呈柱状体，其定、转子之间的气隙均匀，励磁绕组为分布绕组，分布在转子表面的槽内。凸极式转子具有明显的磁极，绕在磁极上的绕组为集中绕组，定、转子间的气隙不均匀。凸极式同步发电机结构简单、制造方便，一般用于低速发电场合；隐极式的同步发电机结构均匀对称，转子机械强度高，可用于高速发电。大型风力发电机组一般采用隐极式同步发电机。

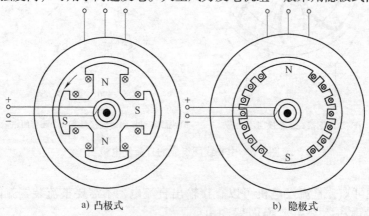

a) 凸极式   b) 隐极式

图4-9   同步发电机结构示意图

2. 基本工作原理

当同步发电机转子励磁绕组中流过直流电流时，就会产生磁极磁场或称为励磁磁场。在原动机拖动转子旋转时，励磁磁场将同转子一起旋转，从而得到一个机械旋转磁场。由于该磁场与定子发生了相对运动，在定子绕组中将感应出三相对称的交流电动势。因为定子三相对称绕组在空间相差120°电角度，故三相感应电动势也在时间上相差120°电角度。分别用E_{OA}，E_{OB}，E_{OC}表示。

$$\begin{cases} E_{OA} = E_m \sin(\omega t) \\ E_{OB} = E_m \sin(\omega t - 120°) \\ E_{OC} = E_m \sin(\omega t - 240°) \end{cases} \quad (4-1)$$

图4-10给出了定子绕组中三相感应电动势的波形。

这个交流电势的频率取决于电机的极对数p和转子转速n，其值按式（4-2）计算：

$$f_1 = \frac{pn}{60} \quad (4-2)$$

由于我国电力系统规定交流电的频率为50Hz，因此极对数与转速之间具有如下的固定关系：

$$n_1 = \frac{60 \times 50}{p}$$

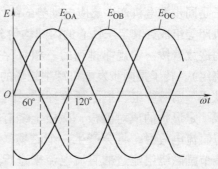

图4-10   定子绕组中的三相电压波形

例如，当 $p=1$ 时，$n_1=3000\mathrm{r/min}$；当 $p=2$ 时，$n_1=1500\mathrm{r/min}$。这些转速称为同步转速。

图 4-11 给出了一个 $p=2$ 的两对磁极对数的发电机，则只有当转子转速为 $1500\mathrm{r/min}$，发电机发出的交流电动势的频率 f_1 才为 $50\mathrm{Hz}$。

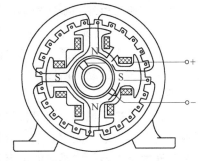

同步发电机每相绕组的电动势有效值为

$$E_{\mathrm{m}} = k_1 f \Phi \qquad (4\text{-}3)$$

式中，f 是转子的旋转频率；Φ 是励磁电流产生的每极磁通；k_1 是一个与电机极对数和每相绕组匝数有关的常数。从式（4-3）中可以看出，通过调节直流励磁电流进而改变励磁磁通，可实现对电枢绕组输出感应电动势幅值的调节。

图 4-11　有两对磁极的同步发电机

4.1.4　异步交流发电机的基本工作原理

1. 结构

异步发电机实际上是异步电动机工作在发电状态。异步发电机由两个基本部分构成：定子和转子，其定子与同步发电机的定子基本相同，定子绕组为三相的；转子则有笼型和绕线转子两种，如图 4-12 所示。笼型结构简单、维护方便，应用最为广泛。绕线转子可外接变阻器，起动、调速性能较好，但因其结构比笼型复杂，价格较高。

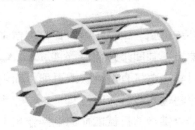

a) 笼型异步发电机及转子绕组

b) 绕线转子异步发电机及转子绕组

图 4-12　异步发电机结构示意图

2. 基本工作原理

异步发电机是基于气隙旋转磁场与转子绕组中感应电流相互作用产生电磁转矩，从而实现能量转换的一种交流发电机。由于转子绕组电流是感应产生的，因此也称为感应发电机。

由异步电动机理论可知，在三相对称定子绕组分别通入三相对称交流电流，发电机的气隙中就形成了旋转磁场。旋转磁场的转速称为同步转速，它决定于励磁电流的频率及电机的极对数，即：$n_1 = 60f/p$，单位为 r/min。转子绕组在旋转磁场的作用下，因电磁感应作用而在转子导体中产生感应电流，载有电流的转子导体在旋转磁场中受到电磁力的作用，产生电磁转矩，驱使转子转动。所以，三相异步电动机的工作原理就是电与磁的相互转化与相互作用的结果。

转子在此转矩下加速。如果转子是在真空中的无摩擦轴承上，并且没有施加机械负荷，转子就会完全自由地零阻尼旋转。在这样的条件下，转子会达到与定子旋转磁场相同的转速。在该速度下，转子中感应的电流为0，也就没有转矩。

如果给转子加上机械负荷，转子转速就会慢下来。而定子磁链总是以同步速度旋转，相对转子就会有相对速度。因此，在转子中根据电磁感应就会产生电压、电流和转矩。产生的转矩和该速度下驱动负荷所需要的转矩相等时，转子速度稳定在低于同步速度的某个速度上，异步电机工作于电动机状态，其转子转速小于同步转速。

反过来，如果把转子和风力机相连，通过升速齿轮驱动转子超过其同步转速，那么转子感应电流和电磁转矩就改变了方向。而转子的旋转方向没有改变，所以电磁转矩是制动转矩，此时，异步电机运行于发电机状态，把风力机的机械功率，在扣除了电机自身的各种损耗之后，转换为电功率，传送给连接在定子端的负荷。如果发电机和电网相连，就可以向电网馈送电能。因此异步电机只在转子转速超过同步转速时才能运行于发电状态。

3. 转差率

根据前面分析可知，当异步电机连接到恒定频率的电网时，异步电机可以有不同的运行状态；当其转速小于其同步转速时（即 $n < n_1$），异步电机以电动机的方式运行，处于电动运行状态，此时异步电机自电网吸取电能，而由其转轴输出机械功率；而当异步电机由原动机驱动，其转速超过同步转速时（即 $n > n_1$），则异步电机将处于发电运行状态，此时异步电机吸收由原动机供给的机械能而向电网输出电能。异步电机的不同运行状态可用其转差率 s 来区别表示。异步电机的转差率定义为

$$s = \frac{n_1 - n}{n_1} \times 100\% \tag{4-4}$$

由式（4-4）可知，当异步电机与电网并联后作为发电机运行时，转差率 s 为负值。

由于异步发电机转子上不需要同步发电机的直流励磁，并网时机组调速的要求也不像同步发电机那么严格，与同步发电机相比，具有结构简单、制造、使用和维护方便，运行可靠及重量轻、成本低等优点。异步发电机的缺点是功率因数较差。异步发电机并网运行时，必须从电网里吸收落后性的无功功率，它的功率因数总是小于1。异步发电机只具有有功功率的调节能力，不具备无功功率调节能力。

4.2　风力发电系统中的发电机

作为可再生能源利用的一种形式，人类对风力发电技术的研究是一个不断探索和发展的过程。针对风力发电机组中发电机这个重要部件的选型，可采用许多不同类型的发电机来实现。异步交流发电机，同步交流发电机，双馈异步交流发电机、永磁直驱同步交流发电机和

直流发电机，在目前的风力发电系统中都能找到应用的实例。由于上述发电机自身的特点有所不同，因此它们所组建的风力发电系统的容量、结构和对应的控制策略也各不一样。造成上述现象的原因是由多方面因素决定的，其一是风力发电系统面向的供电对象不同，有的是并网供电系统，有的是离网的独立带负载系统，因此选择发电机类型时考虑的角度不同；其二是在探索各种风力发电系统形式时，各制造厂商在风电机组设计过程中考虑问题的角度和解决的关键技术难点不同，有的厂家选择的是带齿轮箱结构的技术路线，有的厂家选的是直接驱动结构；其三是各种发电机自身特点不同；其四是电力电子器件的性能、理论的发展，使高效率高性能的变流器成为可能，为具有不确定性和间歇性能源特点的风力发电系统的变速恒频运行提供了有力的支持。迄今为止，各种研究机构仍在不断研发和探索更加适合风力发电系统的新结构发电机，本节简单介绍风力发电系统目前使用的各种发电机的概况。

4.2.1　并网风电机组使用的发电机

并网运行的风力发电机组一般以机群布阵成风力发电场，并与电网连接运行，多为大、中型风力发电机组。其使用的发电机为交流发电机。

1. 恒速/恒频系统发电机结构

在风电机组并网运行过程中，恒速恒频系统的发电机转速不随风速的变化而变化，而是维持在保证输出频率达到电网要求的恒定转速上运行。由于这种风电机组在不同风速下不满足最佳叶尖速比，因此没有实现最大风能捕获，效率较低。当风速变化时，维持发电机转速恒定的功能主要通过前面的风力机环节完成（如采用定桨距风力机），其发电机的控制系统比较简单，所采用的发电机主要有两种：同步交流发电机和笼型异步发电机。前者运行于由电机级数和频率所决定的同步转速，后者则以稍高于同步速的转速运行。

（1）同步交流发电机　发电机转子转速 n 和电网频率 f 成严格比例关系的发电机叫同步发电机。同步发电机的工作转速如下：

$$n = \frac{60f}{p} \tag{4-5}$$

通常同步发电机电枢绕组在定子上，励磁绕组在转子上。转子励磁直流电由与转子同轴的直流电机供给或由电网经整流供给。

同步发电机的优点在于励磁功率小，效率高，可进行无功调节；缺点是，与笼型异步发电机相比，同步发电机自身的结构较复杂，对调速及与电网并网的同步调节要求也高，其控制系统复杂，因此组成的恒速恒频系统成本较高。

（2）笼型异步交流发电机　笼型异步发电机的定子铁心和定子绕组的结构与同步发电机相同。转子采用笼型结构，转子铁心由硅钢片叠成，呈圆筒型。槽内嵌入金属（铝或铜）导条，在铁心两端用铝或铜环将导条短接。转子不需要外加励磁、没有集电环和电刷，因而其结构简单、坚固，基本上无需维护。

异步发电机转子的转速与电网频率不同，用转差率描述：

$$s = \frac{n_1 - n}{n_1} \times 100\% \tag{4-6}$$

式中，n 和 n_1 分别为电机转子转速及电网频率对应的同步转速。

当异步电机与电网连接时，随电机转速的不同，可以工作在电动机状态，也可以工作于发电机状态。当发电机转速 $n < n_1$ 时，即转差率 s 为正值时，电机做电动机运行。当电机在风轮驱动下，转速超过同步转速时，即转差率 s 为负值时，电机做发电机运行，向电网馈送电能。发电功率随转差率绝对值增大而增加。并网运行的笼型异步交流发电机通常其转速 n 在 n_1 和 $1.05n_1$ 之间。

异步发电机的优点是结构简单、价格便宜、并网容易，故目前恒速恒频运行的并网机组大都采用笼型异步发电机；缺点是其向电网输出有功功率的过程中，需从电网吸收无功功率来对电机励磁，使电网的功率因数恶化，因此并网运行的风力异步发电机要进行无功补偿。

2. 变速/恒频系统发电机

在不同风速下，为了实现最大风能捕获，提高风电机组的效率，发电机的转速必须随着风速的变化不断进行调整，处于变速运行状态，其发出的频率需通过一定的恒频控制技术来满足电网的要求。变速恒频风力发电机组是目前并网运行的主要形式，新建的 MW 级机组普遍采用变速恒频方式运行，其使用的发电机主要包括：

（1）双馈异步交流发电机 双馈异步发电机是转子交流励磁的异步发电机，转子由接到电网上的变流器提供交流励磁电流。在发电机转子转速变化时，如以转差频率的电流来励磁时（即若 f_1 为与电网相连的定子绕组频率，电机转差率为 s，当转子通入电流频率 $f_2 = f_1 \cdot s$ 时），定子绕组中就能产生固定频率 f_1 的电动势。交流励磁通过变流器实现。

由于这种发电机可以在变速运行中保持恒定频率（电网频率）输出，且变流器只需要转差功率大小的容量，所以成为目前兆瓦级有齿轮箱型风力发电机组的一种主流机型。

（2）永磁低速交流发电机 永磁低速交流发电机多采用转子在外圈，由多个极对数的永久磁铁组成，定子三相绕组固定不转，转子按照永磁体的布置及形状，有凸极式和爪极式。由于磁极数多，所以同步转速可以很低，可以不经增速齿轮箱而直接由风轮驱动，提高了传动的效率，通过变流器实现恒频输出。这种发电机直径较大，重量较重，在兆瓦级风力发电机组中占有一定比例。

在追求大型化、变速恒频风力发电机组的发展过程中，除上述介绍的发电机型外，还有许多新型的发电机，如无刷双馈异步发电机、开关磁阻发电机、高压同步发电机等，这些机型均有各自的特色和应用前景，但目前应用还不广泛，故在此不做详细介绍。

4.2.2 离网风电机组使用的发电机

离网运行风电机组一般单台独立运行，所发出的电能不接入电网。这种机组一般容量较小（常为微小型机和中型机），专为家庭或村落等小的用电单位使用，常需要与其他发电或储电装置联合运行。离网运行风电机组的发电机有直流发电机和交流发电机。

1. 直流发电机

直流发电机常用于微小型风力发电机组，并与蓄电池配合使用，以保证供电稳定。虽然直流发电机可直接产生直流电，但由于直流电机结构复杂、价格贵，而且由于带有集电环和电刷，需要的维护也多，不太适于风力发电机的运行环境。

2. 交流发电机

离网运行的风力发电机组使用的交流发电机有永磁式和自励式等多种形式。对于 100kW 以下的风力发电机组一般不加增速器，直接由风力机带动发电机运转，一般采用低速交流永磁发电机；100kW 以上的机组大多装有增速器，发电机则有交流永磁发电机、同步或异步自励发电机等，它们发出频率变化的交流电经整流后直接供电给直流负载，并将多余的电能向蓄电池充电。在需要交流供电的情况下，通过逆变器将直流电转换为交流电供给交流负载。

永磁发电机定子与普通交流电机相同，包括定子铁心及定子绕组，转子上无励磁绕组，而是一块永磁体，没有集电环，运行更安全可靠，维护简单，其缺点是电压调节性能差。离网运行的交流风力发电机组，如果使用自励式发电机，可采用硅整流自励式交流发电机和电容自励式异步发电机。硅整流自励式交流发电机是利用自身的剩磁励磁，建立定子电压及电流，然后通过整流装置将三相交流电整流成直流，为转子提供励磁。电容自励异步发电机是通过在定子端接电容的方法，产生容性的励磁电流，建立磁场并感应出电压。以上两种类型的自励式发电机的共同特点是发电机必须有剩磁。

4.3　并网风力发电机

为了追求高的运行效率，风力发电技术向着大型化、并网型、变速恒频运行方式等技术发展。本节介绍目前并网运行的部分风力发电机及系统的结构特点，离网型风力发电机的技术将在第 7 章离网风力发电系统中描述。

4.3.1　同步发电机

在火力发电和水利发电系统中，利用三相绕组的同步发电机是最普遍的。对同步发电机来说，额定容量 S_N 是指出线端的额定视在功率，一般以 kVA、MVA 为单位；额定功率 P_N 是指发电机输出的额定有功功率，一般以 kW 或 MW 为单位。同步发电机的主要优点在于效率高，可以向电网或负载提供无功功率，且频率稳定，电能质量高。例如，一台额定容量为 125kVA、功率因数为 0.8 的同步发电机可以在提供 100kW 额定有功功率的同时，向电网提供 +75kW 和 -75kW 之间的任何无功功率值。它不仅可以并网运行，也可以单独运行，满足各种不同负载的需要。

1. 恒速恒频方式运行的并网同步风力发电机

尽管同步发电机具有既可以调节有功功率，也可以调节无功功率的优点，然而，同步发电机要应用于风速随机变化，而没有电力电子变流器的风电场运行时，并不是很合适的机型。图 4-13 给出了定桨距恒速恒频运行的并网同步风力发电机系统结构示意图。因为同步发电机要求运行在恒定速度（即维持为同步转速 n_1）上，才能保持频率与电网相同。因此它的控制系统比较复杂，成本比异步发电机高。

图 4-13　定桨距恒速恒频运行的并网同步风力发电机系统结构示意图

由图 4-14 给出的风力驱动的同步发电机与电网并联情况可知，由于同步发电机没有经过变流器,直接和电网相连,当同步发电机并网运行后,发电机的电磁转矩对风力机来讲是制动转矩性质,因此不论电磁转矩如何变化,发电机的转速应维持不变(即维持为同步转速 n_1),以便维持发电机的频率与电网的频率相同,否则发电机将与电网解列。这就要求这种风力发电系统的风力机必须配有精确的调速机构,当风速变化时,能维持发电机的转速不变,等于同步转速,这种风力发电系统的运行方式,称为同步发电机恒速恒频运行方式。

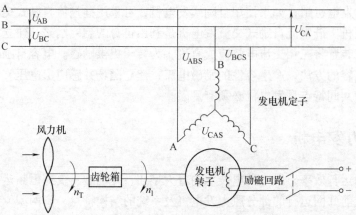

图 4-14　风力驱动的同步发电机与电网并联

带有调速机构的同步风力发电系统的原理框图如图 4-15 所示。

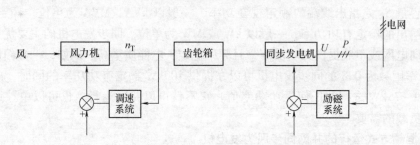

图 4-15　带有调速机构的同步风力发电系统的原理框图

调速系统是用来控制风力机转速(即同步发电机转速)及有功功率的,励磁系统是调控同步发电机的电压及无功功率的,图中 n_T、U、P 分别代表风力机转速、发电机的电压和输出功率。也就是说,在没有变流器的风力同步发电机系统中,同步发电机并网后,对发电机的电压、频率及输出功率必须进行有效控制,否则会发生失步现象。由于上述恒速恒频的发电系统对调速及电网的同步调节要求很高,在实际并网运行的风力发电系统中很少采用。

2. 变速恒频方式运行的并网同步风力发电机

(1)取消齿轮箱的变速恒频运行方式　如果同步发电机不直接连接电网,而是通过变流器后并入电网,这种运行方式为变速恒频(即风力机及发电机的转速随风速变化作变速运行,通过变流器保证输出的电能频率等于电网频率),此时风力机则不需要调速机构。如果省去齿轮箱传动机构,采用风轮直接驱动同步发电机进行变速恒频运行,则其相关内容将在后面的直驱发电机中进行讨论。

（2）带有齿轮箱的变速恒频运行方式　在变速恒频运行的并网同步风力发电机结构中，如果采用齿轮箱的传动机构，其结构示意图如图 4-16 所示。和双馈异步风力发电系统相比，这种变速恒频运行方式需要全功率变流器，但没有了集电环，减少了维护成本。目前 GE 公司的 GEWE2. X 风力发电机组系列采用此种同步交流发电机的变速恒频运行方式。

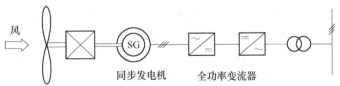

图 4-16　具有齿轮箱的变速恒频运行的并网同步风力发电机系统结构示意图

4.3.2　异步发电机

异步发电机实际上是异步电动机工作在发电状态，其转子上不需要同步发电机的直流励磁，并网时机组调速的要求不像同步发电机那么严格，具有结构简单，制造、使用和维护方便，运行可靠及重量轻、成本低等优点，因此异步发电机被广泛应用在小型离网运行的风力发电系统和并网运行的定桨距失速型风电机组中。但是它也有缺点，在与电网并联运行时，异步发电机必须从电网吸取无功电流来励磁，这就使得电网功率因数变坏，也就是说异步发电机在发出有功功率的同时，需要从电网中吸收感性无功功率，因此异步发电机只具备有功功率的调节能力，不具备无功功率的调节能力。运行时，通常需要接入价格较贵、笨重的电力电容器，进行无功功率补偿，经济性降低。

1. 定桨距并网运行的双速异步风力发电机

在固定参数下，异步发电机的电磁转矩 T_{em} 与转差率 s 的关系如图 4-17 所示。

异步发电机如果稳定运行，需处于 AB 段对应的转速范围内（稳定分析过程可参考电机学相关书籍）。实际上，异步发电机的转差率很小，只有几个百分点，在图 4-17 中，当高于同步转速 3% ~5% 后，异步发电机将进入不稳定区。在由定桨距风力机驱动的与电网并联运行的容量较大的异步风力发电机，其转速的运行范围在 n_1 ~ $1.05n_1$ 之间。因此，可以近似理解为定桨距风力发电系统中运行的异步发电机是以稍高于三相定子电流旋转磁场速度运行的恒速电机。图 4-18 给出了定桨距恒速恒频运行的并网异步风力发电机系统结构示意图。

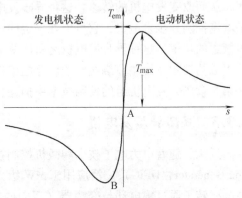

图 4-17　异步发电机的转矩-转速（转差率）特性曲线

图 4-18　定桨距恒速恒频运行的并网异步风力发电机系统结构示意图

根据前面几章理论可知，风力机如果运行在最大效率下，当风速变化时，风轮转速（等效于发电机转速）必须和风速直接保持最优叶尖速比，因此必须根据风速来调整发电机的转速以匹配最优叶尖速比的要求。可是在风速变化的过程中，定桨距风力发电系统中使用的异步发电机只能运行在稍高于定子同步速的恒定速度上，因此风电机组运行过程中只是在某一风速下实现了最大风能捕获，而其他风速下效率不高。近年来，定桨距并网风力发电机组为了提高低风速下机组运行时的效率，广泛采用双速发电机。双速异步发电机是指具有两种不同的同步转速（低同步转速及高同步转速）的电机。低风速时小电机运行，高风速时大电机运行，这样一方面可以提高风力发电机组的风能利用率；另一方面，可以极大地减少机组的起/停次数，延长机组的使用寿命。如 600kW 定桨距风力发电机组一般设计成 6 极 150kW、同步转速为 1000r/min 和 4 极 600kW、同步转速为 1500r/min。750kW 风力发电机组设计成 6 极 200kW 和 4 极 750kW。显然，这种双速异步发电机并网运行时，需要功率控制系统控制小容量发电机和大容量发电机之间的切换问题。

双速发电机可通过以下三种改变电机定子绕组的极对数的方法实现：

1）采用两台定子绕组极对数不同的异步电机，一台为低同步转速的，一台为高同步转速的。

2）在一台电机的定子上放置两套极对数不同的相互独立的绕组，即是双绕组的双速电机。

3）在一台电机的定子上仅安置一套绕组，靠改变绕组的连接方式获得不同的极对数。即所谓的单绕组双速电机。

2. 并网运行的转差可调的异步风力发电机

在并网运行的异步风力发电机中，有一种绕线转子异步发电机可以根据风速调节其转差率，从而改变发电机的转速。这种异步发电机称为转差可调的绕线转子异步电机，又称为转子电流控制异步发电机，它可以在一定的风速范围内，以变化的转速运行，而同时发电机输出额定的功率。这种异步发电机之所以能够允许转差率有较大的变化，是通过由电力电子器件组成的控制系统调节绕线转子回路的串接电阻实现的。关于转差可调的异步发电机内容将在第 5 章风力发电机组的控制技术中描述。

4.3.3 双馈异步发电机

近来，随着电力电子技术和微机控制技术的发展，双馈异步发电机（Doubly-Fed Induction Generator，DFIG）广泛应用于 MW 级大型有齿轮箱的变速恒频并网风力发电机组中。这种电机转子通过集电环与变频器（双向四象限变流器）连接，采用交流励磁方式；在风力机拖动下随风速变速运行时，其定子可以发出和电网频率一致的电能，并可以根据需要实现转速、有功功率、无功功率、并网的复杂控制；在一定工况下，转子也向电网馈送电能；与变桨距风力机组成的机组可以实现低于额定风速下的最大风能捕获及高于额定功率的恒定功率调节。图 4-19 为一双馈异步发电机构成的变速恒频风力发电系统结构示意图。

1. 结构及特点

双馈异步发电机又称交流励磁发电机，具有定、转子两套绕组。定子结构与异步电机定子结构相同，具有分布的交流绕组。转子结构带有集电环和电刷。与绕线转子异步电机和同步电机不同的是，转子三相绕组加入的是交流励磁，既可以输入电能，也可以输出电能。转子一般由接到电网上的变流器提供交流励磁电流，其励磁电压的幅值、频率、相位、相序均可以根据运行需要进行调节。由于双馈异步发电机并网运行过程中，不仅定子始终向电网馈送电能，在一定工况下，转子也可向电网馈送电能，即发电机从两端（定子和转子）进行能量馈送，"双馈"由此得名。

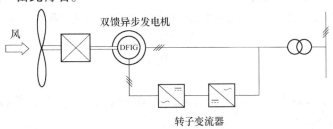

图4-19 双馈异步发电机构成的变速恒频风力发电系统结构示意图

双馈异步发电机发电系统由一台带集电环的绕线转子异步发电机和变流器组成，变流器有 AC-AC 变流器、AC-DC-AC 变流器等。变流器完成为转子提供交流励磁和将转子侧输出的功率送入电网的功能。在双馈异步发电机中，向电网输出的功率由两部分组成，即直接从定子输出的功率和通过变流器从转子输出的功率（当发电机的转速小于同步转速时，转子从电网吸收功率；当发电机的转速大于同步转速时，转子向电网发出电功率）。在风电系统中应用的双馈异步发电机其外形大体可分为方箱空冷型和圆形水冷型，如图4-20所示。

a) 方箱空冷型　　　　　　　　　　　　　　　b) 圆形水冷型

图4-20 两种不同冷却方式的双馈异步发电机

双馈异步发电机兼有异步发电机和同步发电机的特性，如果从发电机转速是否与同步转速一致来定义，则双馈异步发电机应称为异步发电机，但该电机在性能上又不像异步发电机，相反其具有很多同步发电机的特点。异步发电机是由电网通过定子提供励磁，转子本身无励磁绕组，而双馈异步发电机与同步发电机一样，转子具有独立的励磁绕组；异步发电机无法改变功率因数，双馈异步发电机与同步发电机一样可调节功率因数，进行有功功率和无功功率的调节。

实际上，双馈异步发电机是具有同步发电机特性的交流励磁异步发电机。相对于同步发电机，双馈型异步发电机具有很多优越性。与同步发电机励磁电流不同，双馈型异步发电机实行交流励磁，励磁电流的可调量为其幅值、频率和相位。由于其励磁电流的可调量多，控制上便更加灵活：调节励磁电流的频率，可保证发电机转速变化时发出电能的频率保持恒定；调节励磁电流的幅值，可调节发出的无功功率；改变转子励磁电流的相位，使转子电流产生的转子磁场在气隙空间上有一个位移，改变了发电机电动势相量与电网电压相量的相对位置，调节了发电机的功率角。所以交流励磁不仅可调节无功功率，也可调节有功功率。

2. 双馈发电机变速恒频运行的基本原理

根据电机学理论，在转子三相对称绕组中通入三相对称的交流电，将在电机气隙间产生磁场，此旋转磁场的转速与所通入的交流电的频率 f_2 及电机的极对数 p 有关。

$$n_2 = \frac{60f_2}{p} \tag{4-7}$$

式中，n_2 为转子中通入频率为 f_2 的三相对称交流励磁电流后所产生的旋转磁场相对于转子本身的旋转速度（r/min）。

从式（4-7）可知，改变频率 f_2，即可改变 n_2。因此若设 n_1 为对应于电网频率 50Hz（$f_1 = 50$Hz）时发电机的同步转速，而 n 为发电机转子本身的旋转速度，只要转子旋转磁场的转速与转子自身的机械速度 n 相加等于定子磁场的同步旋转速度 n_1，即

$$n + n_2 = n_1 \tag{4-8}$$

则定子绕组感应出的电动势的频率将始终维持为电网频率 f_1 不变。式（4-8）中，当 n_2 与 n 旋转方向相同时，n_2 取正值，当 n_2 与 n 旋转方向相反时，n_2 取负值。

由于

$$n_1 = \frac{60f_1}{p} \tag{4-9}$$

将式（4-7），式（4-9）代入式（4-8）中，式（4-8）可另写为

$$\frac{np}{60} + f_2 = f_1 \tag{4-10}$$

式（4-10）表明不论发电机的转子转速 n 随风力机如何变化，只要通入转子的励磁电流的频率满足式（4-10），则双馈异步发电机就能够发出与电网一致的恒定频率的 50Hz 交流电。

由于发电机运行时，经常用转差率描述发电机的转速，根据转差率 $s = \frac{n_1 - n}{n_1}$，将式（4-10）中的转速 n 用转差率 s 替换，则式（4-10）可变为

$$f_2 = f_1 - \frac{(1-s)n_1 p}{60} = f_1(1-s)f_1 = sf_1 \tag{4-11}$$

需要说明，当 $s < 0$ 时，f_2 为负值，可通过转子绕组的相序与定子绕组的相序相反实现。

通过式（4-11）可知，在双馈异步发电机转子以变化的转速运行时，控制转子电流的频率，可使定子频率恒定。只要在转子的三相对称绕组中通入转差频率（sf_1）的电流，双馈异步发电机可实现变速恒频运行的目的。

3. 双馈异步发电机的功率传递关系

根据双馈异步电机转子转速的变化，双馈异步发电机可以有以下三种运行状态：

（1）亚同步状态　当发电机的转速 n 小于同步转速 n_1 时，由转差频率为 f_2 的电流产生的旋转磁场转速 n_2 与转子方向相同，此时励磁变流器向发电机转子提供交流励磁，发电机由定子发出电能给电网。

（2）超同步状态　当发电机的转速 n 大于同步转速 n_1 时，由转差频率为 f_2 的电流产生

的旋转磁场转速 n_2 与转子转动方向相反，此时发电机同时由定子和转子发出电能给电网，励磁变流器的能量流向逆向。

（3）同步运行状态 当发电机的转速 n 等于同步转速 n_1 时，处于同步状态。此种状态下转差频率 $f_2=0$，这表明此时通入转子绕组的电流的频率为 0，即励磁变流器向转子提供直流励磁，因此与普通同步发电机一样。

双馈异步发电机在亚同步及超同步运行时的功率流向如图 4-21 所示。

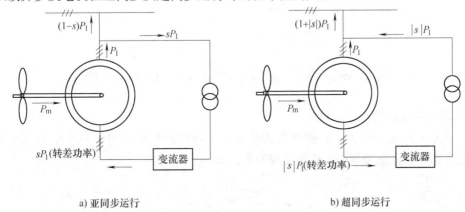

a) 亚同步运行　　　　　　　　　　　　　b) 超同步运行

图 4-21　双馈异步发电机运行时的功率流向

在不计铁耗和机械损耗的情况下，转子励磁双馈发电机的能量流动关系可以写为

$$\begin{cases} P_m + P_2 = P_1 + P_{cu1} + P_{cu2} \\ P_2 = s(P_1 + P_{cu1}) + P_{cu2} \end{cases} \tag{4-12}$$

式中，P_m 为转子轴上输入的机械功率；P_2 为转子励磁变流器输入的电功率；P_1 为定子输出的电功率；P_{cu1} 为定子绕组铜耗；P_{cu2} 为转子绕组铜耗；s 为转差率。

当发电机的铜耗很小，上述公式可近似理解为

$$P_2 \approx sP_1 \tag{4-13}$$

由前面介绍可知，转子上所带的变流器是双馈异步发电机的重要部件。根据式（4-13）可知，双馈异步发电机构成的变速恒频风力发电系统，其变流器的容量取决于发电机变速运行时最大转差功率。一般双馈电机的最大转差率为 ±（25% ～ 35%），因此变额器的最大容量仅为发电机额定容量的 1/3 ～ 1/4，能较多地降低系统成本。目前，现代兆瓦级以上的双馈异步风力发电机的变流器，多采用电力电子技术的 IGBT 器件及 PWM 控制技术。

4.3.4　直驱型发电机

风力机是低速旋转机械，一般运行在每分钟几十转，而发电机要保证发出 50Hz 的交流电，如采用 4 级发电机，其同步转速为 1500r/min，所以大型风力发电机组在风力机与交流发电机之间装有增速齿轮箱，借助齿轮箱提高转速。如果风力发电系统取消增速机构，采用风力机直接驱动发电机，则必须应用低速交流发电机。

直驱式风力发电机是一种由风力直接驱动的低速发电机。采用无齿轮箱的直驱发电机虽然提高了发电机的设计成本，但却有效地提高了系统的效率以及运行可靠性，可以避免增速箱带来的诸多不利，降低了噪声和机械损失，从而降低了风力发电机组的运行维护成本，这

种发电机在大型风电机组中占有一定比例。因发电机工作在较低转速状态，转子极对数较多，故发电机的直径较大、结构也更复杂。为保证风电机组的变速恒频运行，发电机定子需通过全功率变流器与电网连接。目前在实际风力发电系统中多使用低速多极永磁发电机。图4-22给出了直驱型变速恒频风力发电系统的结构示意图。

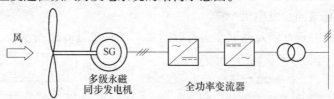

图4-22   多级永磁直驱式变速恒频风力发电机组的结构示意图

1. 低速永磁直驱发电机的特点

（1）发电机的极对数多   根据电机理论知，交流发电机的转速 n 与发电机的极对数 p 及发电机发出的交流电的频率 f 有固定的关系，即

$$p = \frac{60f}{n} \tag{4-14}$$

当 f 为恒定值50Hz时，如若发电机的转速越低，则发电机的极对数应越多。从电机结构知，发电机的定子内径 D_i 与发电机的极数 $2p$ 及极距 τ（沿电枢表面相邻两个磁极轴线之间的距离称为极距）成正比，即

$$D_i = 2p\tau \tag{4-15}$$

因此低速发电机的定子内径远大于高速发电机的定子内径。当发电机的设计容量一定时，发电机的转速愈低，则发电机的直径尺寸愈大。如某500kW直驱型风电机组，其发电机有84个磁极，发电机直径达到4.8m。

（2）转子采用永久磁铁   转子使用多极永磁体励磁。永磁发电机的转子上没有励磁绕组，因此无励磁绕组的铜损耗，发电机的效率高；转子上无集电环，运行更为可靠；永磁材料一般有铁氧体和钕铁硼两类，其中采用钕铁硼制造的发电机体积小，重量较轻，因此应用广泛。

（3）定子绕组通过全功率变流器接入电网，实现变速恒频   直驱式电机转子采用永久磁铁，为同步电机。当发电机由风力机拖动作变速运行时，为保证定子绕组输出与电网一致的频率，定子绕组需经全功率变流器并入电网，实现变速恒频控制。因此变流器容量大、成本高。

2. 结构形式

大型直驱发电机布置结构可分为内转子型和外转子型，它们各有特点。图4-23为其结构示意图。

（1）内转子型   它是一种常规发电机布

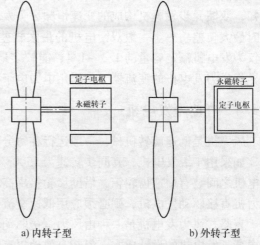

a) 内转子型   b) 外转子型

图4-23   直驱永磁发电机类型

置形式。永磁体安装在转子体上，风轮驱动发电机转子，定子为电枢绕组。其特点是电枢绕组及铁心通风条件好，温度低，外径尺寸小，易于运输。图 4-24 所示为一种内转子型直驱发电机的实际结构。

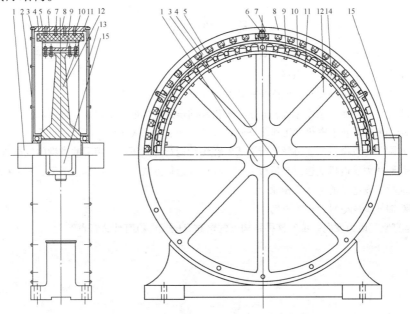

图 4-24　直驱内转子型永磁发电机的结构
1—转子轴　2—轴承　3—前端盖　4—定子绕组　5—定子铁心　6—压块
7—螺栓　8—机座　9—转子极靴　10—极靴心轴　11—螺栓
12—轮毂　13—后端盖　14—钕铁硼永磁体　15—接线盒

（2）外转子型　如图 4-25 所示，定子固定在发电机的中心，而外转子绕着定子旋转。永磁体沿圆周径向均匀安放在转子内侧，外转子直接暴露在空气之中，因此相对于内转子结构，磁体具有更好的通风散热条件。这种布置永磁体易于安装固定，但对电枢铁心和绕组通风不利，永磁转子直径大，大件运输比较困难。

图 4-25　直驱外转子型永磁发电机的结构

由于直驱发电机是目前正在研究和开发的一种新型发电机，不同的公司开发的发电机结构特点有所不同。除应用永磁多级发电机外，也有公司采用绕组式同步发电机，如德国ENERCON 公司的直驱发电机组采用的是多级电励磁的同步发电机，ABB 公司采用高压同步发电机。随着电力电子技术和永磁材料制造技术的发展，直驱发电机和直驱式风力发电系统正受到学术界和工程界的广泛关注，还有一些新型直驱发电机的结构，因为应用不是很广泛，这里不再赘述。

思 考 题

1. 试述直流发电机的基本工作原理。
2. 试述同步发电机的基本工作原理。
3. 什么是同步发电机的同步转速？同步转速和频率之间有什么关系？
4. 试述异步发电机的基本工作原理，异步发电机和同步发电机的基本差别是什么？
5. 什么是转差率？异步发电机的工作状态和转差率之间有什么关系？
6. 什么是并网风力发电机恒速恒频运行方式？在该种运行方式下可采用哪些类型的发电机？
7. 什么是并网风力发电机变速恒频运行方式？在该种运行方式下可采用哪些类型的发电机？
8. 试述双馈异步发电机的基本工作原理。
9. 请叙述双馈异步发电机的功率流向。
10. 什么是直驱式风力发电系统？该种结构下的永磁直驱发电机有什么特点？

第5章 风力发电机组的控制及安全保护

控制系统是风力发电机组的重要组成部分，负责机组从起动并网到运行发电过程中的控制任务，同时要保证机组在运行中的安全。在本章中首先对大型风力发电机组的控制系统进行简要介绍，了解机组的控制要求及控制系统构成，之后分别对风轮及发电机的控制进行阐述，最后介绍与机组相关的信号检测、执行机构及安全保护功能。通过本章学习希望对风电机组的控制系统有一个整体的了解。

5.1 风力发电机组的控制技术

5.1.1 风力发电机组的基本控制要求

一般的大型风力发电机组主要由轴系连接的风轮、增速齿轮箱、发电机组成。从机械结构设计及运行特性要求决定了风轮运行在低转速状态（每分钟十几至二十几转），发电机运行在高转速状态（每分钟上千转），因此，齿轮箱起到了增速作用（直驱式机组依靠增加发电机极对数实现增速）。其中，风轮及发电机是主要的控制对象。一般风力发电机组及其控制系统结构如图 5-1 所示。

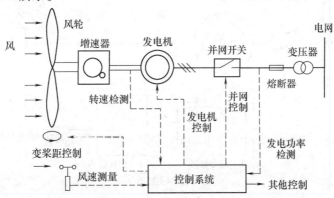

图 5-1 风力发电机组及其控制系统结构图

简单地说，机组依靠风轮的叶片吸收风能，并在一定转速下将能量以转矩的形式给机组提供机械能；并入电网的发电机在一定电压下将能量以电流的形式向电网输送电能，同时，发电机的电磁转矩平衡了风轮的机械转矩，使机组在某一合适的转速下运行。机组的运行及发电过程都是在控制系统控制下实现的。

风速具有典型的随机性和不可控性，因此，控制系统必须根据风速的变化对机组进行发电控制与保护，以 1.5MW 双馈型机组为例，在不同风速下控制后的机组功率曲线如图 5-2 所示。

风力发电机组发出的功率与风速密切相关，根据风速大小可以使机组运行在不同状态。

当风速很低时，机组处于停机状态；当风速达到或超过起动风速后（如3.5m/s），机组进入变功率运行状态，即随着风速的增加发电功率亦增加；当达到某一风速时，机组功率达到额定功率，此时的风速称为额定风速，当风速超过额定风速后，机组将被限制在额定功率状态下运行；当风速过大时（如超过25m/s），为了机组的安全，机组将进入停机保

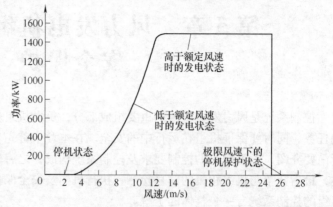

图5-2   风力发电机组的风速—功率曲线

护状态。根据上述规律，风力发电机组的控制系统将根据风速对机组的起停及功率进行控制，具体的控制策略及实现方法将在后续章节给予介绍。

发电机是控制系统的另一重要控制对象。目前的兆瓦级发电机组主要有普通异步发电机、双馈式异步发电机和直驱式永磁发电机三种。根据发电机种类的不同，控制系统的控制方式有很大区别，对于普通异步发电机的控制是比较简单的，主要是控制发电机的并网与脱网，如需进行无功功率补偿，还需进行补偿电容器组的投切控制；对于双馈式异步发电机和直驱式永磁发电机的控制要用到变流器，两者的区别如图5-3和图5-4所示。

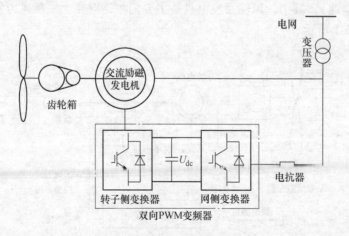

图5-3   双馈式风力发电机组

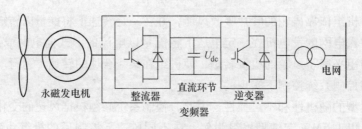

图5-4   直驱式永磁同步风力发电机组

变流器一般指的是由电力电子器件组成的交-直-交变频器。双馈式发电机的转子通过变流器与电网连接并与电网交换能量，变流器可以为转子提供频率可变的交流电，并通过对转子交流励磁的调节，改变风力发电机组的转速及发电机发出的有功功率和无功功率；直驱式永磁同步发电机的定子通过换流器与电网连接并向电网输送电能，这种连接方式可以使发电机的转速与电网的同步转速不一样，即可以按机组的要求使发电机工作在希望的转速下同步运行。因此，这两种发电机都可以实现变速运行，了解这一点很重要。众所周知，电网的容量是很大的，风力发电机组与电网电力连接处的发电频率必须与电网相一致，或者说由电网的频率所决定；而风力机的功率与转矩和转速的乘积成正比，为了提高机组的效率，希望使机组在不同风速下有与之合适的转速，因此希望机组能够变速运行。设计了变流器的双馈式发电机组与直驱式发电机组实现了这一点，因此具有较高的效率，而普通异步发电机组由于不具备变速功能，其效率要低一些，因此，有的异步发电机采用了变极调速方法，使发电机效率有所提高。对双馈式与直驱式发电机变速运行的控制是通过对变流器的控制实现的。

大型风力发电机组一般都是在并入电网状态下运行。因此，并网与脱网控制是控制系统的任务之一，并要求在控制并网时对电网的冲击最小，对机组的机械冲击也最小，使机组平稳并入电网；脱网时机组不要超速，使机组能安全停机。

机组在运行时，除了风速发生变化，风向也会发生变化，因此，要求控制系统能够根据风向实时调整机舱的位置，使机组始终处于正对气流的方向，这种控制叫对风，对风的控制是通过由伺服电动机等构成的偏航系统实现的。另外，在对风过程中，机舱与地面之间的连接电缆会发生缠绕，因此，还需要定期进行所谓的解缆控制。

为了保证机组的安全，机组设计了制动系统，其原理与汽车的制动系统相似。制动力一般由液压系统提供。根据机组的不同停机要求，控制系统应适时进行变桨与制动控制。

为了保证机组齿轮箱、液压系统、发电机、控制装置等各主要部件的正常工作，对各部件温度等进行控制也是对控制系统的基本要求。

风力发电机组在运行过程中可能会发生故障，当故障发生时，控制系统要作出相应报警直至停机等动作。风力发电机组属于大型转动机械，机组的振动往往反映机组的故障状态，目前的振动信号主要反应风对塔架的作用引起的振动，并作为停机信号使用，对机械旋转振动及故障原因等还缺乏监测手段，该问题正在逐渐引起人们的重视。

机组的运行安全是十分重要的，控制系统在设计时均具有对机组较完善的保护措施。为了安全而作为对机组的最后一级保护，目前的大型风力发电机组都设计了安全链系统，设计原则是当发生任何一种严重故障需要停机时，安全链系统都能保证使机组停下来。安全链系统是脱离控制系统的低级保护系统，失效性设计保证了系统在任何条件下的可靠性。

另外，控制系统是以计算机为基础的，除了对控制系统的上述要求外，还要具有人机操作接口、数据存储、数据通信等功能。

综上所述，风力发电机组控制系统需要具有以下功能及要求：

1）根据风速信号自动进入起动状态或从电网自动切除。

2）根据功率及风速大小自动进行转速和功率控制。

3）根据风向信号自动对风。

4）根据电网和输出功率要求自动进行功率因数调整。

5）当发电机脱网时，能确保机组安全停机。

6）在机组运行过程中，能对电网、风况和机组的运行状况进行实时监测和记录，对出现的异常情况能够自行准确地判断并采取相应的保护措施，并能够根据记录的数据，生成各种图表，以反映风力发电机组的各项性能指标。

7）对在风电场中运行的风力发电机组具有远程通信的功能。

8）具有良好的抗干扰和防雷保护措施，以保证在恶劣的环境里最大限度地保护风电机组的安全可靠运行。

5.1.2　风力发电机组的控制系统结构

风力发电机组根据机组形式的不同，控制系统的结构与组成存在一定差别，下面以目前国内装机最多的双馈型风力发电机组为例进行介绍，双馈型风电机组控制系统整体结构如图5-5 所示。

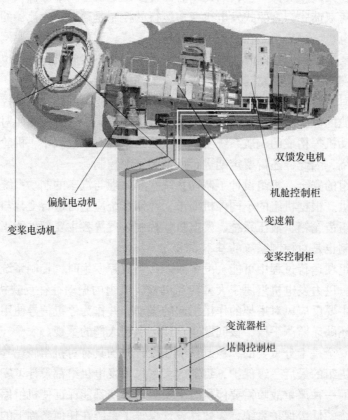

图 5-5　电控系统整体结构

风电机组底部为变流器柜和塔筒控制柜。塔筒控制柜一般为风力发电机主控制装置，负责整个风力发电机组的控制、显示操作和通信。变流器柜主要由 IGBT（绝缘栅极晶体管）、散热器和变流控制装置组成，负责双馈发电机的并网及发电机发电过程控制。塔筒底部的控制柜通过电缆或光缆与机舱连接与通信。

机舱内部的机舱控制柜主要负责机组制动、偏航控制及液压系统、变速箱、发电机等部分的温度等参数的调节。同时，负责机组各运行参数的检测及风速、风向信号检测。

风力机叶片通过回转支撑安装在叶片轮毂上，以实现叶片的转动角度可调。机组变桨距控制装置布置在轮毂内，在机组运行过程中，根据风速的变化可以使叶片的桨距角在 0°～90° 范围内调节，实现对机组功率的控制。应当指出的是，机组运行时变桨控制装置与轮毂一同旋转，该控制装置的电源、信号是通过集电环与外部进行连接的。

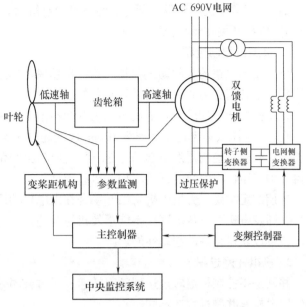

图 5-6　风电机组总体功能图

上述的各控制装置通过计算机通信总线联系在一起，实现机组的整体协调控制。同时，控制系统还通过计算机网络与中央监控系统进行通信，实现机组的远程起停与数据传输等功能。

风电机组总体控制结构及主要功能可进一步由图 5-6 说明。

5.1.3　风力发电机组的运行控制过程

风电场的风力发电机组一般均分散布置在方圆几十公里的风场中，机舱距离地面几十米，且处于无人值守状态，因此，风力发电机组在设计上均采用远程自动控制方式，即每台机组的控制系统能随时根据风况与电网需求自动独立实现机组起动、并网、发电等操作，并能将机组的状态信息通过网络传给主控中心，主控中心除向机组发出起动、停机等指令外对机组的干涉很少。

风力发电机组运行过程可分为以下六种工作状态过程：待机状态、起动过程、欠功率运行状态、额定功率运行状态、正常停机状态和紧急停机状态。机组的各运行状态过程描述如下：

1. 待机状态

当机组所有运行部件均检测正常且风速低于 3.5m/s 时，机组处于待机状态。在待机状态下，所有执行机构和信号均处于实时监控状态，机械盘式制动器已经松开，对于定桨距机组，叶尖扰流器已被收回与叶片合为一体；对于变桨距机组，机组叶片处于顺桨（即桨距角为 90°）位置，此时机组处于空转状态。通过风向仪信号实时跟踪风向变化，偏航系统使机组处于对风状态。风速亦被实时检测，送至主控制器作为起动参考量。

作为起动前机组需满足的条件一般包括：

1）发电机温度、增速器润滑油温度在设定值范围以内。

2）液压系统压力正常。

3）液压油位和齿轮润滑油位正常。

4）制动器摩擦片正常。

5）扭缆开关复位。

6）控制系统电源正常。

7）非正常停机后显示的所有故障信息均已解除。

8）维护开关在运行位置。

2. 机组自起动过程

风力发电机组的自起动过程指风轮在自然风速作用下，不依赖其他外力的协助，将发电机拖到一定转速，为并入电网做好准备的过程。

处于待机状态的风力发电机组在正常起动前，控制系统对电网及风况进行检测，如连续10min 电网电压及频率正常，连续 10min 风速超过 3.5m/s，且控制器、执行机构和检测信号均正常，此时主控制器发出起动命令。机组叶片桨距角由 90°向 0°方向转至合适角度，风轮获得气动转矩使机组转速开始增加，机组起动。

早期的定桨距风力发电机组的起动是在发电机的协助下完成的，这时的发电机作电动机运行，即发电机可以从电网获得能量使机组升速。由于目前的风力机一般都具有变桨功能，因此，可以获得良好的起动性能。

3. 机组并网过程

并网是指控制机组转速达到额定转速，通过合闸开关将发电机接入电网的过程。对于不同的发电机其并网过程亦不同。

对于普通异步发电机，并网过程是通过三相主电路上的三组晶闸管完成的。通过控制当机组的转速接近电网同步转速时，用来并网的晶闸管开始触发导通，导通角随发电机转速与同步转速的接近而增大，发电机转速的加速度减小；当发电机达到同步转速时，晶闸管完全导通，转速超过同步转速进入发电状态；此时，旁路接触器闭合，晶闸管停止触发，即完成了并网过程。异步发电机的并网方法在后续章节有详细描述。

对于双馈发电机，并网过程是通过控制变流器来控制转子交流励磁完成的。当机组转速接近电网同步转速时，即可通过对转子交流励磁的调节来实现并网。由于双馈发电机转子励磁电压的幅值、频率、相位、相序均可根据需要来调节，因此对通过变桨实现转速控制的要求并不严格，通过上述控制容易满足并网条件要求。

对于直驱发电机，并网过程是通过控制全功率变流器来完成的。直驱发电机采用的交-直-交全功率变流器处于发电机与电网之间，并网前首先起动网侧变流器调制单元给直流母线预充电，接着起动电机侧变流器调制单元并检测机组转速，同时追踪电网电压、电流波形与相位。当电机达到一定转速时，通过全功率变流器控制的功率模块和变流器网侧电抗器、电容器的 LC 滤波作用使系统输出电压、频率等于电网电压、频率，同时检测电网电压与变流器网侧电压之间的相位差，当其为零或相等（过零点）时实现并网发电。

4. 欠功率运行状态

若此时风速低于额定风速，桨距角调整至 3°附近，使叶片获取最大风能。同时，通过调节机组的转速追踪最佳叶尖比（叶尖速度与风速之比），达到最大风能捕获的目的。

对于并网以后机组转速的调节是通过对发电机励磁的控制实现的，因此，不同发电机具有的调速范围存在很大差别，对于双馈发电机转差率可以在 ±25% 之间变化；对于直驱式发电机可以在 10 ~ 22r/min 之间变化；对于普通异步发电机转速几乎不可调节。

5. 额定功率运行状态

若风速高于额定风速，变桨距控制器将进行桨距角调节，限制风力机输入功率，使输出功率始终保持在额定功率附近。由于桨距调节具有一定的滞后特性，当风速出现波动时，为了稳定发电机功率输出，此时可以通过励磁调节发电机转差率，利用风轮蓄能达到稳定输出功率的目的。对于定桨距机组，高于额定风速下对于功率的限制是依靠叶片的失速特性来实现的。

6. 停机状态

停机一般可分为正常停机与非正常紧急停机。对于一般性设备及电网故障，当故障出现时将进行正常保护停机。需要停机时先将叶片顺桨（定桨距机组释放叶尖扰流器），降低风力机输入功率；再将发电机脱离电网，降低机组转速；最后投入机械制动。当出现发电机超速等严重故障时，将进行紧急停机。紧急停机时执行快速顺桨、并在发电机脱网同时投入机械制动，因此，紧急停机对机组的冲击是比较大的。正常停机是在控制系统指令作用下完成的，当故障解除时机组能够自动恢复起动；紧急停机一般伴随安全链动作，重新起动需要人员干预。

5.2　风力机控制

风力发电机组是包含多个设备的复杂系统，但从总体上可划分为两个主要功能单元：风力机和发电机。风力机俗称风轮，它负责将风能转化为机械能，再由发电机将机械能转化为电能。因此，依据这两个主要功能单元可以把风力发电控制技术主要分为风力机的控制技术和发电机的控制技术。本节重点介绍风力机的控制技术。

5.2.1　风力机控制的空气动力学原理

风能利用系数 C_P 表征风力机吸收风能的能力，因此，风力机气动性能也主要是 C_P 的特性。风力机特性通常由一簇包含功率系数 C_P、叶尖速比 λ 的无因次性能曲线来表达，如图 5-7 所示。

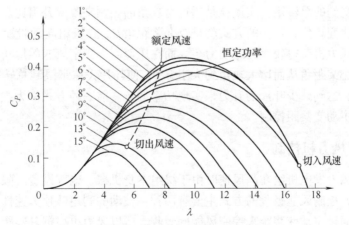

图 5-7　风力机 C_P 性能曲线

从图 5-7 可以看到：当叶尖速比逐渐增大时，C_P 将先增大后减小。由于风速的变化范围很宽，叶尖速比就可以在很大的范围内变化，因此它只有很小的机会运行在最佳功率点上，即 C_P 取最大值所对应的工况点 $C_{P\max}$，而且 $C_{P\max}$ 对应唯一的叶尖速比 λ_{opt}，因此任一风速下只对应唯一的一个最佳运行转速。如果在任何风速下，风力机都能在最佳功率点运行，便可增加其输出功率。因此，当风速变化且发电机功率没有超过额定时，只要调节风轮转速，同时使桨距角处于最佳角度时就可获得最佳功率。这就是变速风力发电机组在低于额定风速以下进行转速控制的基本原理。不断追踪最佳功率曲线实际上就是要求风能利用率 C_P 恒定为 C_{Pmax} 而保证机组最大限度的吸收风能，因此也称为最大风能捕获控制。

当风速增加到额定风速时，使得发电机的输出功率也随之达到额定功率附近，风力发电机组的机械和电气设计极限要求转速和输出功率维持在额定值附近。如果风速继续上升，这时仅依靠转速控制不能解决高于额定风速时的能量平衡问题。根据图5-7，若增大桨距角，风能的利用系数将明显减小，发电机的输出功率也相应减少。因此当发电机输出功率大于额定功率时，通过增大桨距角来减小发电机的输出功率即可使之维持在额定功率附近，所以也称此过程为恒功率控制过程。

通过叶素理论对风力机受力分析，可知作用在叶片上的升力、阻力与攻角 i 和桨距角 β 之间的关系，并由此可以计算出作用在风轮上的转矩及风力机吸收的风能。其中升力、阻力的大小分别由升力系数 C_l 和阻力系数 C_d 描述。影响 C_d 和 C_l 变化的最主要因素是攻角，图5-8为升力、阻力系数随攻角 i 的变化情况。

可以看到，升力系数随着攻角 i 线性增大，当攻角增至某一临界攻角 i_{lmax} 时，升力系数达到最大值 C_{lmax}，当 $i > i_{lmax}$ 时，C_l 开始随攻角增加而下降。与 C_{lmax} 对应的 i_{lmax} 点称为失速点。阻力系数曲线的变化与升力系数曲线有所不同，攻角 i 增大时，C_d 由某一数值开始随之减小，当攻角增至 i_{dmin} 时，阻力系数达到最小值 C_{dmin}，当 $i > i_{dmin}$ 时，C_d 开始随攻角增加而增加。通常，阻力系数 C_d 是攻角 i 的二次方函数。

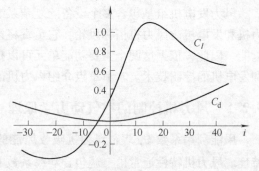

图5-8 随攻角变化的升力和阻力系数

控制风力机受到的总转矩，实质就是通过对攻角的控制来改变升阻比。而要在风速、转速一定的条件下改变攻角，唯一的方式就是改变桨距角 β。在机组起动阶段，通过改变合适的攻角，可以使风力机获得较大的起动力矩。而在风速高于额定风速的恒功率控制阶段，既可以通过大大减小桨距从而增大攻角到大于 i_{lmax}，使叶片失速来限制总转矩，也可增大桨距角，减小攻角，达到减少叶片的升力来实现功率调节。前一种方式称为主动失速变桨距控制，后一种称为主动变桨距控制。

5.2.2 定桨距风力机控制

并网型变速风力发电机组在高风速时由于机组本身机械、电气设备的限制，需要控制风能的吸收。目前，控制风能吸收的方式主要有两种：被动的利用叶片失速性能来限制高风速下的风能吸收和通过主动变桨距来控制风能的吸收。所以风力机根据其桨距可否调节分为定桨距风力机和变桨距风力机。

1. 定桨距风力机

定桨距风力机的主要结构特点是：叶片与轮毂的连接是固定的，即当风速变化时，叶片的安装角，即桨距角 β 不变，随着风速增加风力机的运行过程为：风速增加→升力增加→升力变缓→升力下降→阻力增加→叶片失速。叶片攻角由根部向叶尖逐渐增加，根部先进入失速，并随风速增大逐渐向叶尖扩展。失速部分功率减少，未失速部分功率仍在增加，使功率保持在额定功率附近。

这一特点给风力发电机组提出了两个必须解决的问题：一是风速高于额定风速时，叶片自动失速性能能够自动地将功率限制在额定值附近；二是运行中的风力发电机组在突然失去电网（突甩负载）的情况下，使风力发电机组能够在大风情况下安全停机。以上两个问题要求定桨距风力机的叶片应具有自动失速性能和制动能力。

叶片的自动失速性能是依靠叶片本身的翼型设计来实现的。而叶片的制动能力是通过叶尖扰流器和机械制动来实现的。叶尖扰流器是叶片叶尖一段可以转动的部分，正常运行时，叶尖扰流器与叶片主体部分精密地合为一体，组成完整的叶片。需要安全停机时，液压系统按控制指令将扰流器完全释放并旋转 80°~90° 形成阻尼板，由于叶尖扰流器位于叶片尖端，整个叶片作为一个长的杠杆，产生的气动阻力相当高，足以使风力发电机在几乎没有任何其他机械制动的情况下迅速减速，叶尖扰流器的结构如图 5-9 所示。而由液压驱动的机械制动被安装在传动轴上，作为辅助制动装置使用。

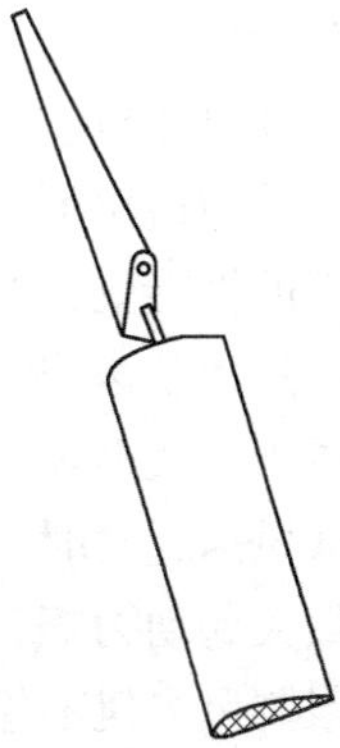

图 5-9　叶尖扰流器的结构

2. 定桨距控制

定桨距风力发电机组的桨距角是固定不变的，定桨距机组一般采用普通异步发电机，因此转速也是不可调节的，这使得风力发电机组的功率曲线上只有一点具有最大功率系数，这一点对应于某一个叶尖速比。而要在变化的风速下保持最大功率系数，必须保持转速和风速之比不变，这一点对定桨距风力机是很难做到的。

由于风速在整个运行范围内的不断变化，固定的桨距角和转速导致了额定转速低的定桨距机组，低风速下有较高的功率系数；额定转速高的机组，高风速下有较高的功率系数。因此定桨距风力发电机组普遍采用双速发电机，分别设计为 4 级和 6 级，低风速时采用 6 级发电机，而高风速时采用 4 级发电机。这样，通过对大、小发电机的运行切换控制可以使风力机在高、低风速段均获得较高的气动效率。

由于定桨距风力机的控制主要是通过叶片本身的气动特性以及叶尖扰流器来实现的，其控制系统也就大为简化，所以定桨距风力机具有结构简单、性能可靠的优点，但其叶片重量大，轮毂、塔架等部件受力较大，且功率系数低于变桨距风力机，而且定桨距风力机不容易起动，必须配备专门起动程序。

5.2.3　变桨距风力机控制

1. 变桨距风力机

变桨距风力机的叶片与轮毂不再采用刚性连接，而是通过可转动的推力轴承或专门为变距机构设计的联轴器连接，这种风力机可调节桨距角来控制风力机吸收的风能。正因为功率调节不完全依靠叶片的气动性能，变桨距风力机组具有在额定功率点以上输出功率平稳的特点。图 5-10 为额定功率相等（额定功率为 600kW）的两台定桨距和变桨距风力发电机组的输出功率对比。

从图中可以看出，在相同额定功率点，变桨距风电机组的额定风速比定桨距风电机组要低。定桨距风电机组一般在低风速段的风能利用系数较高，当风速接近额定点，风能利用系数开始大幅下降，因为这时随着风速的升高，功率上升已趋缓，而过了额定点后，叶片已开始失速，风速升高，功率反而有所下降。对于变桨距风力发电机，由于桨距可以控制，无需担心风速超过额定点后的功率控制问题，可以使得额定功率点仍然具有较高的功率系数。表5-1为变桨距风力机与定桨距风力机的全面比较。

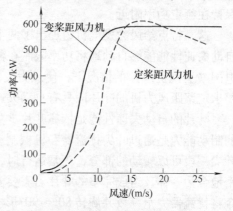

图 5-10　功率输出曲线对比图

通过比较，不难看出定桨距风力机具有结构简单、故障概率低的优点，但其缺点主要是风力发电机组的性能受到叶片失速性能的限制；另一个缺点是叶片形状复杂、重量大，使风轮转动惯量较大，不适于向大型风力发电机组发展。而变桨距风力机在低风速起动时，叶片转动到合适位置确保叶轮具有最大起动力矩，这意味着风力机能够在更低风速下开始发电，当并入电网后能够通过变桨距限制风力机的输出功率。桨距角是根据发电机输出功率的反馈信号来控制的，不受气流密度变化的影响。变桨距风力发电机组的额定风速较低，在风速超过其额定风速时发电机组的出力也不会下降，始终保持在一个比较理想的值，提高了发电效率。当风力发电机组需要脱离电网时，变桨距系统可以先转动叶片使之减小功率，在发电机和电网断开之前，功率减小至零，避免了在定桨距风力发电机组上每次脱网时的突甩负载过程。同时，变桨距风力机的叶片较薄，结构简单、重量较轻，使得发电机转动惯量小，易于制造大型发电机组。

表 5-1　变桨距与定桨距控制的比较

风力机类型	叶片重量	结　　构	功率调节	启动风速	并/脱网
定桨距	大	简单	被动失速	较高	较难；有突甩负荷现象
变桨距	较小	较复杂	主动调节	较低	容易，冲击小；可顺桨

以上的比较充分说明了变桨距风力机的优越性，所以目前兆瓦级的大型风力发电机组多采用变桨距风力机，代表了大型风电机组的发展趋势。

2. 变桨距控制

变桨距变速风力发电机组的一个重要运行特性就是运行工况随风速变化的切换特性，所以根据风速情况和风力机功率特性，可以将整个运行过程划分为四个典型工况，每个工况下变桨距控制的目标与策略均有所不同。

第一个典型工况是起动并网阶段。此时风速应满足的条件是达到切入风速并保持一定的时间，风电机组解除制动装置，由停机状态进入起动状态。这个工况下的主要控制目标就是实现风力发电机组的升速和并网，其中变桨距控制的任务是使发电机快速平稳升速，并在转速达到同步范围时针对风速的变化调节发电机转速，使其保持恒定或在一个允许的范围内变化以便于并网。

第二个典型工况是最大风能捕获控制阶段。由于此工况下风速没有达到额定风速，发电机送入电网的功率必然小于额定值，所以这个工况下的控制目标是最大限度地利用风能，提高机组的发电量。因此，变桨距控制系统此时只需将桨距角设定在最大风能吸收角度不变即可（一般机组在 $2° \sim 3°$），此时，主要通过励磁调节控制转速来实现最大风能捕获控制。

第三个典型工况为恒功率控制阶段。当风速超过额定风速，发电机的功率不断增大，因此，本阶段的控制目标是控制机组的功率在额定值附近而不会超过功率极限，变桨距控制的任务就是调节桨距角而使输出功率恒定。

第四个典型工况为超风速切出阶段。如果机组处于风速高于额定风速的恒功率阶段，风速不断增大到机组所能承受的最大风速，即切出风速，控制系统的控制目标是使机组安全停机。变桨距控制系统任务是使叶片顺桨，以使风力机尽快降低风能输入，发电机侧与电网断开停机，待风速条件许可后再起动并网。上述的四个阶段功率随风速的变化情况可参见图5-2。

从各个典型运行工况的变桨距控制中可以看到，在第二、四工况下，桨距角分别处于两个极端位置保持不变：最佳风能吸收角度和顺桨角度，因此变桨距控制可采用开环的顺序控制，控制系统根据输入的运行参数判断机组运行于这两个工况时，执行顺序控制程序直到桨距控制到位保持即可。在第一、三阶段则要对转速和功率进行变桨距的连续控制，其中第三个阶段的功率控制将在下一节中详细介绍，而在第一（起动并网）阶段，目前对转速的变桨距控制存在两种控制策略：

（1）开环控制　即将桨距角由顺桨状态（一般 $90°$）按照一定的顺控程序置为最大风能利用系数的角度（一般 $2° \sim 3°$），以获得最大起动力矩。使发电机快速达到同步转速，迅速并入电网。

（2）闭环控制　通过变桨距控制使转速以一定升速率上升至同步转速，进行升速闭环控制；为了对电网产生尽可能小的冲击，控制器也同时用于并网前的同步转速控制。

上述两种控制方式中，当转速随风速随机变化时，后一种可以使转速控制得更加平稳，因此，更利于并网。

5.2.4　功率控制

并网型风力发电机组在运行中，功率控制是首要控制的目标，其他控制都是以功率控制为最终目的或服务于功率控制。由前文知道风力发电机组功率控制的目标主要是低于额定风速时实现最优功率曲线，即最大风能捕获；高于额定风速时控制功率输出在额定值，即恒功率控制。

低于额定风速时，为了实现最优功率曲线应使桨距角处于最佳风能吸收效率的角度（由于叶片形状设计，真实变桨距风力机一般桨距角为 $2° \sim 3°$ 时 C_P 最大），根据实时的风速值来控制风力发电机的转速，使得风力机保持最佳叶尖速比不变。但是由于风速测量的不可靠性，很难建立转速与风速之间直接的对应关系，而实际上也不是根据风速变化来调整转速的。为了不用风速控制风力机，可按已知的 $C_{P\max}$ 和 λ_{opt} 计算风轮输出功率，由动能理论有

$$P_{\mathrm{opt}} = \frac{1}{2} C_{P\max} \left(\frac{R}{\lambda_{\mathrm{opt}}} \right)^3 \rho \pi R^2 \omega^3 = K \omega^3 \tag{5-1}$$

$$K = \frac{1}{2} C_{P\max} \left(\frac{R}{\lambda_{\mathrm{opt}}} \right)^3 \rho \pi R^2 \tag{5-2}$$

其中，P_{opt} 为最优输出功率，也是控制的目标功率；K 为最优输出功率常数。这样如用转速

代替风速，功率就是转速的函数，三次方关系仍然成立，即最佳功率 P_{opt} 与转速的三次方成正比。这样就消除了转速控制时对风速的依赖关系。

目前，变桨距功率控制方式主要有两种：主动失速控制和变桨距控制。主动失速控制是通过将叶片向失速方向变桨距，即与变桨距控制相反方向变桨，实现高于额定风速时的功率限制，这无疑对风轮叶片提出了更高的要求，而且风力机处于失速状态时很难精确预测空气动力学特性，在阵风下会造成叶片上的负荷和功率输出的波动。主动变桨距控制可以通过有效的控制方法解决这些问题，成为大型风力机功率控制的主要方式。

1. 风力机功率控制特点

要实现风力机的变桨距功率控制，首先应分析变桨距系统的控制特性，变桨距控制系统应适合这些控制特点。

（1）气动非线性 变桨距控制实质是通过改变攻角来控制风力机的驱动转矩，因此风力机的气动特性是变桨距系统的主要特性。由风力机空气动力特性可知，C_P 代表了风轮从风能中吸收功率的能力，它是叶尖速比 λ 和桨距角 β 的非线性函数，可参看图5-7。从图上可以看到风能利用系数曲线对桨距角和叶尖速比的变化规律，其函数关系具有很强的非线性，这就决定了整个变桨距系统是强非线性对象。

（2）工况频繁切换 由于自然风速大小随机变化，导致变速风力发电机组随风速在各个运行工况之间频繁切换。图5-11是变桨距风力发电机组转速-功率运行曲线。

其中除了前面提到的运行工况外，在最大风能捕获阶段中，当转速达到极限而功率没有到达额定时将首先进入恒转速控制阶段，此时一般通过励磁控制使转速不再上升，而输出功率仍然增加。因此，变桨距风力机的运行全过程应包含升转速控制、并网控制、恒 C_P 控制、恒转速控制和恒功率控制等重要的连续控制过程。并要求控制系统在工况切换时，必须保持风力机运行的稳定性。

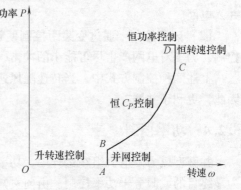

图5-11 变桨距变速风电机组转速-功率曲线

（3）多扰动因素 影响风力发电机组性能变化的不确定干扰因素很多。比如，由于大气变化导致雷诺数的变化会引起5%的功率变化，由于叶片上的沉积物和下雨可造成20%的功率变化，其他诸如机组老化、季节或环境变化、电网电压或频率变化等因素，也会在机组能量转换过程中引起不同程度的变化。风力机输出功率是风速三次方的函数，风速的变化（尤其是阵风）对风力发电机组的功率影响是最大的，所以风速的波动是机组最主要的扰动因素。

（4）变桨距执行系统的大惯性与非线性 目前变桨距执行机构主要有两种实现方案：液压执行机构和电机执行机构。以目前常用的液压执行机构为例，叶片通过机械连杆机构与液压缸相连接，桨距角的变化同液压缸位移基本成正比，但由于液压系统与机械结构的特点所决定，这种正比关系呈现出非线性的性质。随着风力机容量的不断增大，变桨距执行机构自身的原因引入的惯性也越来越大，使动态性能变差，表现出了大惯性对象的特点。

2. 变桨控制系统结构与特点

目前并网型风力发电机组的变桨距控制系统根据机组并网前、后的工况主要包含两种工作方式：并网前转速控制和并网后功率控制。根据这两种工作方式，传统的风电机组变桨距控制系统一般采取图 5-12 所示的系统结构。

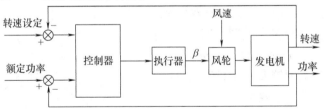

图 5-12　传统的变桨距风力发电机组变桨控制系统

在并网前通过对桨距角的控制来控制转速，确保完成起动阶段的升速并网。并网后，在低于额定风速阶段进行转速控制，桨距角保持最优位置不作控制，系统根据风速的变化，控制发电机的转子转速，吸收尽可能多的风能。而在高于额定风速阶段进行恒功率控制，通过改变桨距角，减少吸收的风能，使输出功率稳定在额定功率附近。这种控制系统结构简单，控制器算法一般采用经典 PI 控制，可以完成机组运行的基本要求，但因为功能单一，存在例如对并网设备要求过高，抗干扰性差，输出功率曲线不平稳等诸多缺点。需要指出的是，由于变桨距执行系统的响应速度受到限制，对快速变化的风速，通过传统控制方法改变桨距来控制输出功率的效果并不十分理想。因此为了优化功率曲线，一些新设计的变桨距控制系统在功率控制过程中，虽然仍使用了经典 PI 控制算法，但其功率反馈信号不再作为直接控制桨距角的变量，而由风速低频分量和发电机转速进行控制，风速的高频分量产生的机械能波动，通过迅速改变发电机的转速来进行平衡，即通过对发电机转差率进行控制，即当风速高于额定风速时，允许发电机转速升高，将瞬变的风能以风轮的动能形式储存起来；转速降低时，再将动能释放出来，使功率输出平稳。

5.3　发电机控制

目前并网发电的大型风力发电机组中，发电机形式主要有普通异步发电机、双馈式发电机、直驱式发电机三种。由于各个发电机运行原理不同，在对发电机的控制上有很大区别，本节主要介绍常用大型风力发电机的运行、并网及发电控制原理。

5.3.1　风力发电机控制要求

发电机在风力发电过程中起着将机械能转换为电能的重要作用，通过对发电机的控制可以实现对机组转速、发电功率（包括有功功率和无功功率）的调节。通过与变桨距控制系统的协调，可以使风力发电机组处于最佳运行状态，即在低于额定风速时实现对风能的最大捕获；在高于额定风速时实现在额定功率下运行，并保证在风速出现波动时输出电功率的稳定。

由于风速具有不可控性，为了使风力发电机机组在低于额定风速范围内保持较高的效率，一般希望风力发电机组能够变速运行。由于风力机输入功率与风轮转矩及转速的乘积成正比，因此对于某一个风速，转速不同则功率亦不同，它们的关系如图 5-13 所示曲线。

由图中可知，对于不同风速，只有一个转速使得功率达到最大值，如果通过控制使风力发电机组在该转速下运行，机组的效率将达到最大。

在大型风力发电机组中，不同的发电机形式，转速的可调节范围有很大差别，例如，异步发电机转速的变化范围较小（1%～3%），双馈式发电机的转速调节范围较大（±25%），因此，后者较前者有着更高的发电效率。

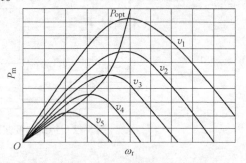

图 5-13　定桨距风力机功率特性曲线

目前的大型风力发电机组均在电网中运行，因此，存在着并网控制问题，对并网控制的主要要求是限制发电机在并网时的瞬变电流，避免对电网造成过大的冲击，同时还要保障机组的安全。由电机学方面的理论可以知道，发电机并网时，短时间内（譬如说几个周波内）不产生大的电流冲击，必须满足以下的同期条件：

1）发电机的频率等于电网频率。

2）发电机的电压幅值等于电网电压幅值，且波形一致。

3）发电机的电压相序与电网电压的相序相同。

4）发电机的电压相位与电网电压的相位一致。

如果上述四个条件同时满足，并网时发电机端电压的瞬时值与电网电压的瞬时值就完全一样了，这就保证了在并联合闸瞬间不会引起电流冲击。

对于不同的发电机形式，并网的方式是不同的，具体内容将在后面介绍。

5.3.2　异步风力发电机控制

普通异步风力发电机由于结构简单、造价低廉，在风电场中仍然得到了广泛应用。异步发电机运行时的转速是由电机的转矩-转速特性决定的，当功率变化时电机的转差率很小，因此，可以认为异步发电机在发电过程中，不同的风速下转速基本不变化，即普通异步发电机做不到变速运行，使得风力发电机组的效率较低。目前应用较多的笼型异步发电机即属于这种，运行时靠电机自身特性平衡转矩与转速的关系，对电机不进行控制。

为了提高风电机组的效率，在低于额定风速下，希望机组能够变速运行，可采用的主要机型有两种：笼型双速异步发电机与转子转差可调的异步发电机。双馈式发电机也可称为异步发电机，但由于自身特性比较特殊，将在后续单独介绍。

1. 双速异步发电机控制

双速异步发电机在定桨距风力机组中应用较为普遍，通过前面章节介绍知道，通过改变极对数的方法，可以使风力发电机组在 1000r/min 附近（极对数等于 3）与 1500r/min 附近（极对数等于 2）两个转速下选择运行，以解决发电机在低风速下效率偏低的问题。采用双速发电机的风力发电机组输出功率曲线如图 5-14 所示。

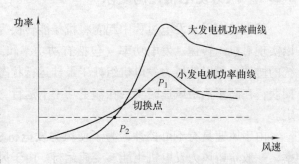

图 5-14　双速发电机功率曲线

当平均风速高于起动风速时（如高于 3m/s），机组开始起动，当机组转速接近电网同步转速时，由控制系统执行软并网操作（软并网方法在后续介绍），一般总是小发电机首先并入电网。当风速继续升高（如达到 7～8m/s），发电机将切换到大发电机运行。如果起动时平均风速较高，则直接从大发电机并网。

图 5-14 中的 P_1 与 P_2 是大小发电机的切换点。切换控制过程描述如下：

小发电机运行时，如果风速升高使功率达到 P_1 点时，控制系统发出指令使小发电机并网开关断开，小发电机即脱离电网，这时由于没有发电机电磁阻力作用，发电机将升速，当达到大发电机运行转速附近时大发电机并网开关闭合，执行大发电机软并网，即完成了从小发电机向大发电机过渡的切换控制。

大发电机运行期间，如果风速较低，将执行向小发电机切换。当功率降到图 5-14 中 P_2 点时，大发电机并网开关断开，脱离电网，由于脱网后发电机电磁阻力的消失，机组将在风轮带动下使转速继续上升，因此此时应立即闭合小发电机并网开关，并执行小发电机软并网过程，通过电机电流产生的电磁阻力距使机组减速（可根据情况同时释放叶尖扰流器，重新并网后再收回）。

在执行发电机切换时，控制系统应保证使机组不要超速。

2. 转差可调的异步发电机原理

转差可调的绕线式异步发电机，可以在一定的风速范围内，以变化的转速运行，高于额定风速下可保持发电机输出额定功率，不必借助调节风力机叶片桨距来维持其额定功率输出，这样就避免了风速频繁变化时的功率起伏，改善了电能质量；同时也减少了变桨距执行机构的频繁动作，提高了风电机组运行的可靠性，延长了使用寿命。

由异步发电机的原理可知，如不考虑其定子绕组电阻损耗及附加损耗时，异步发电机输出的电功率 P 基本上等于其电磁功率，即

$$P \approx P_{em} = T_{em}\Omega_1 \tag{5-3}$$

式中，P_{em} 为电磁功率；T_{em} 为发电机电磁转矩；Ω_1 为旋转磁场的同步旋转角速度。

从异步电机的基本理论可知，异步电机的电磁转矩 M 可表示为

$$T_{em} = C_M \Phi_m I_{2a} \tag{5-4}$$
$$I_{2a} = I_2 \cos\varphi_2$$

式中，C_M 为电机的转矩系数，对于已制成电机，C_M 为一常量；Φ_m 为电机基波磁场每极磁通量，在定子绕组电压不变情况下，Φ_m 为常量；I_{2a} 为转子电流的有功分量。

由式（5-4）可知，只要能保持 I_{2a} 不变，则电磁转矩 T_{em} 不变。当风速发生变化，引起异步发电机转速发生变化时，转子感应电动势将发生变化，并引起转子电流的变化，从而造成功率的波动。如果在转子回路中串入电阻，通过改变电阻值即可影响转子电流，使得风速引起转速变化时保持转子电流的恒定，达到发电机输出功率不变的目的。不同转子电阻对应的 T_{em}-s 特性曲线如图 5-15 所示。

假设风力发电机组在转速为 n_1、电磁转矩

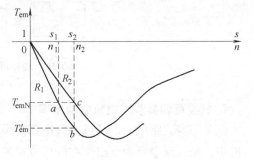

图 5-15　绕线转子异步发电机改变转子绕组
串联电阻时的 T_{em}-s 特性曲线

为 T_{emN} 时发出额定功率，如图 5-15 中对应转子回路电阻为 R_1 的特性曲线上的 a 点。当风速变化时，例如风速增加，风力机及发电机的转速随之增大，电磁转矩也随之增大，如图 5-15 所示特性曲线上的 a 点移到 b 点，发电机的电磁转矩增加到 T'_{em}，机组的功率超过了额定功率。此时如果将转子电阻 R_1 增加到 R_2，即可将电磁转矩调节回到 T_{emN} 额定功率点，即图 5-15 中的 c 点，而转差率则由 s_1 变为 s_2，达到吸收由于瞬变风速引起的功率波动，稳定输出功率的目的。

在这种允许转差率有较大变化的异步发电机中，是通过由电力电子器件组成的控制系统，调节转子回路中的串接电阻值来维持转子电流不变，所以这种转差可调的异步发电机又称为转子电流控制（Rotor Current Control，RCC）异步发电机。这种调节方式可以使机组在一定范围内变速运行，尤其在额定功率附近，通过调节转差率可以达到稳定功率输出的目的。低于额定风速时，通过调节转速变化可以在一定转速范围内追求最佳叶尖速比控制，但此时的转差功率将消耗在转子回路中，因此，这种电机的效率不如双馈电机。

3. 转差可调异步发电机的结构

转差可调异步发电机整体结构由绕线转子异步发电机、绕线转子外接电阻、电力电子器件组成的转子电流控制器及转速和功率控制单元构成，图 5-16 表示转差可调异步发电机的结构原理。

图 5-16 中由电流互感器给出的电流测量值与给定的电流基准值送入电流控制单元，经比较计算出转子回路的电阻值，通过 PWM 脉冲宽度调制器控制 IGBT 的导通和关断来调节外接电阻的阻值，从而达到控制转子电流的目的。转子电阻值的调节范围在只有转子绕组本身电阻的最小值与转子绕组与外接电阻之和的最大值之间变化，发电机的转差率能在 0.6%～10% 之间连续变化。

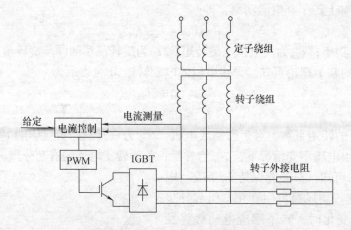

图 5-16 转差可调异步发电机的结构

4. 转差可调异步发电机的功率调节

在采用变桨距风力机的风力发电系统中，由于桨距调节有滞后时间，特别在惯量大的风力机中，滞后现象更为突出，在阵风或风速变化频繁时，会导致桨距大幅度频繁调节，发电机输出功率也将大幅度波动，对电网造成不良影响；因此单纯靠变桨距来调节风力机的功率输出，并不能保证发电机输出功率的稳定性，利用具有转子电流控制器的转差可调异步发电机与变桨距风力机配合，共同完成发电机输出功率的调节，则能实现发电机电功率的稳定输出。

具有转子电流控制器的转差可调异步发电机与变桨距风力机配合的控制原理如图 5-17 所示。

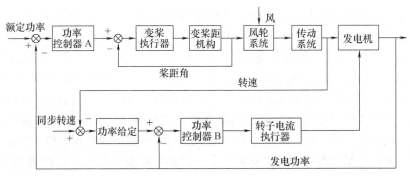

图 5-17　变桨距风力机-转差可调异步发电机控制原理图

风力发电机组的控制系统主要由两个功率控制回路组成，其中功率控制器 A 负责变桨距控制，功率控制器 B 负责发电机转子电流调节。并网后的功率调节过程描述如下：

变桨距调节低于额定风速时，发电机输出功率低于给定的额定功率，功率控制器 A 输出饱和，执行变桨到最大攻角。高于额定风速后，功率控制器 A 退出饱和，桨距角将根据发电机输出功率与额定功率偏差进行调节，通过桨距角的变化，保持发电机输出功率为额定功率。

发电机调节功率控制器 B 的给定值与转差率有关。低于额定风速时，根据当前转速给出一给定功率，如果与实际功率出现偏差，将通过调节转子电流改变机组的转速，使得输出功率按与功率-转差率设定关系曲线运行，实现最佳叶尖速比调节；高于额定风速时，功率给定保持额定功率值，当出现风速扰动及变桨调节的滞后使发电功率出现波动时，通过转子电流瞬间改变机组的转速，利用风轮储存和释放能量维持输入与输出功率的平衡，实现功率的稳定。

在风速高于额定风速情况下，变桨距机构与转子电流调节装置同时工作，其中风速变化的高频分量通过转子电流调节来控制，而变桨距调节机构对风速变化的高频分量基本不作反应，只有当随时间变化的平均风速的确升高了，才增大桨距角，减少风轮吸入的风能。

5. 异步发电机的并网方法

异步发电机投入运行时，由于靠转差率来调整负荷，其输出的功率与转速近乎成线性关系，因此对机组并网中的调速不要求同期条件那么严格精确，不需要同步设备和整步操作，只要转速接近同步转速时就可并网。但异步发电机的并网也存在一些问题，例如直接并网时会产生过大的冲击电流，并使电网电压瞬时下降。随着风力发电机组电机容量的不断增大，这种冲击电流对发电机自身部件的安全以及对电网的影响也愈加严重。过大的冲击电流，有可能使发电机与电网连接的主回路中自动开关断开；而电网电压的较大幅度下降，则可能会使低压保护动作，从而导致异步发电机根本不能并网。另外，异步发电机还存在着本身不能输出无功功率，需要无功补偿，过高的系统电压会造成发电机磁路饱和等问题。

目前，国内外采用异步发电机的风力发电机组，并网方式主要有以下几种。

（1）直接并网方式　这种并网方法要求并网时发电机的相序与电网的相序相同，当风力机驱动的异步发电机转速接近同步转速（90%～100%）时即可完成自动并网，自动并网的信号由测速装置给出，然后通过自动空气开关合闸完成并网过程。这种并网方式比同步发电机的准同步并网简单，但并网瞬间存在三相短路现象，并网冲击电流可达到4～5倍额定电流，会引起电力系统电压的瞬时下降。这种并网方式只适合用于发电机组容量较小而电网容量较大的场合。

（2）准同期并网方式　与同步发电机准同步并网方式相同。在转速接近同步转速时，先用电容励磁建立额定电压，然后对已励磁建立的发电机电压和频率进行调节和校正，使其与电网系统同步，当发电机的电压、频率、相位与系统一致时，将发电机投入电网运行。采用这种方式，若按传统的步骤经整步到同步并网，则仍须高精度的调速器和整步、同期设备，不仅增加机组的造价，而且从整步达到准同步并网所花费的时间很长，这是人们所不希望的。该并网方式合闸瞬间尽管冲击电流很小，但必须控制在最大允许的转矩范围内运行，以免造成网上飞车。由于它对系统电压影响极小，所以适合于电网容量较小的场合。

（3）降压并网方式　降压并网是在异步发电机和电网之间串接电阻或电抗器或者接入自耦变压器，以便达到降低并网合闸瞬间冲击电流幅值及电网电压下降的幅度。因为电阻、电抗器等元件要消耗功率，显然这种并网方法的经济性较差，在发电机进入稳态运行后必须将其迅速切除。

（4）晶闸管软并网方式　这种并网方式是在异步发电机定子与电网之间通过双向晶闸管连接起来，来对发电机的输入电压进行调节。双向晶闸管的两端与并网自动开关并联，如图5-18所示。

接入双向晶闸管的目的是将发电机并网瞬间的冲击电流控制在允许的限度内。具体的并网过程是：当风力发电机组接收到由控制系统微处理器发出的起动命令后，先检查发电机的相序与电网的相序是否一致，若相序正确，则发出松闸命令，风力发电机组开始起动；当发电机转速接近同步转速时（约为99%～100%同步转速），双向晶闸管的控制角同时由180°～0°逐渐同步打开，与此同时，

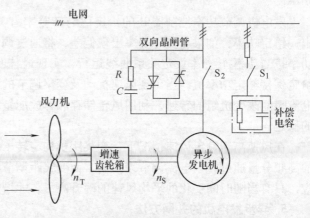

图5-18　异步发电机经晶闸管软并网原理图

双向晶闸管的导通角则同时由0°～180°逐渐增大，随着发电机转速的继续升高，电机的转差率趋于零，双向晶闸管趋近于全部导通，发电机即通过晶闸管平稳地并入电网。接着，并网自动开关 S_2 闭合，短接双向晶闸管，异步发电机的输出电流将不再经过双向晶闸管，而是通过已闭合的自动开关 S_2 流入电网。在发电机并网后，应立即在发电机端并入补偿电容，将发电机的功率因数（$\cos\varphi$）提高到0.95以上。由于风速变化的随机性，在达到额定功率前，发电机的输出功率大小是随机变化的，因此对补偿电容的投入与切除也需要进行控制，一般是在控制系统中设有几组容量不同的补偿电容，根据输出无功功率的变化，控制补偿电容的分段投入或切除。

采用晶闸管软切入装置（Soft Cut-In）并网方法，是目前国内外中型及大型普通异步风力发电机组普遍采用的并网技术。

5.3.3　双馈式发电机控制

现代兆瓦级以上的大型并网风力发电机组多采用变桨及变速运行方式，这种运行方式可以使风力发电机组的机械负载及发电质量得到优化。众所周知，风力机变速运行时将使与其连接的发电机也作变速运行，因此必须采用在变速运转时能发出恒频恒压电能的发电机，才能实现与电网的连接。将具有绕线转子的双馈异步发电机与应用电力电子技术的 IGBT 变频器及 PWM 控制技术结合起来，就能实现这一目的，即为变速恒频发电系统。

1. 双馈异步风力发电机控制系统

双馈异步风力发电机相对于普通异步发电机的最大特点是在亚同步、超同步、同步三种工况下都可以向电网高效地输出电能，其根本原因在于采用了可控的转子交流励磁技术。通过矢量控制技术，可以实现定子输出有功功率与无功功率的独立解耦控制，这一点相对于普通异步发电机来说具有很大的优越性。

矢量变换控制一般用于交流电动机的高性能调速控制上，交流传动调速系统将定子电流分解成磁场定向旋转坐标系中的励磁分量和与之相垂直的转矩分量。分解后的定子电流励磁分量和转矩分量不再具有耦合关系，对它们分别控制，就能实现交流电动机磁通和转矩的解耦控制，使交流电动机得到可以和直流电动机相媲美的控制性能。

借鉴这一思想，可以将矢量变换控制技术移植到对双馈异步发电机的控制上。电动机的控制对象是磁通和转矩，而双馈异步发电机的控制对象为输出的有功功率 P 和无功功率 Q。通过坐标变换和磁场定向，可以将双馈异步发电机定子电流分解为相互解耦的有功分量和无功分量，通过分别对这两个分量的控制就可以实现 P、Q 解耦。

首先介绍两个基本概念，即坐标变换和磁场定向。坐标变换就是把电网或者电机三相交流量通过一个变换矩阵，变成两相交流量，再通过两相静止到两相旋转坐标变换将两相交流量等效的转化为两相直流量，图 5-21 中 abc/αβ，mt/αβ 即为坐标变换矩阵模块。

上面指出的坐标变换矩阵并不是唯一的，不同的定向角，就能得到不同的变换值，而且，定向角选择恰当能进一步简化运算，且有利于控制。双馈风力发电机的控制中，最常用的定向方式是定子磁链定向，采用该种定向方式之后，发电机方程形式得到了简化，而且更为关键的是发电机定子有功功率 P 和无功功率 Q 在此种定向方式下可以实现解耦。图 5-19 所示为定子磁链定向示意图，图中 A 为定子 A 相绕组轴线，a 为转子 a 相绕组轴线，d-q 轴则为两相旋转坐标轴，φ 和 $\varphi\text{-}\theta_r$ 分别为定子和转子绕组的磁场定向角。

既然是以定子磁链定向的矢量控制系统，必然涉及到定子磁链观测的问题，也就是检测定子磁链的幅值和相位角，相位角即为 φ 角，实际上图 5-21 所示的矢量控制系统采用的是一种简化的方法来计算定子磁链：在取定子磁链定向后，若忽略定子电阻，则定子电压矢量和定子磁链矢量之间相位相差 90°，幅值相差一个同步速 ω_1 的倍数。因此可以用一种简单的方法来计算定子磁链，如图 5-20 所示。

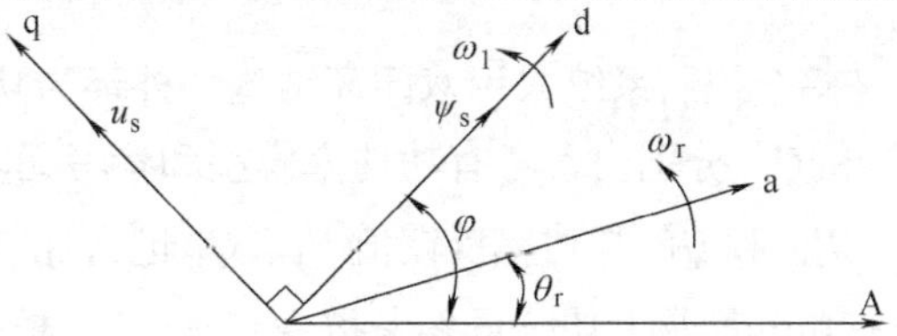

图 5-19　定子磁链定向示意图

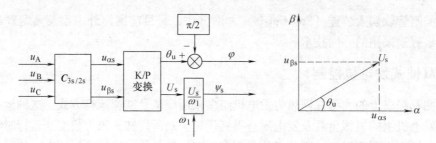

图 5-20 定子磁链观测器

需要指出的是，图 5-20 中的"K/P 变换"指的是直角坐标系和极坐标系之间的变换，K/P 变换表达式为

$$\begin{cases} U_s = \sqrt{u_{\alpha s}^2 + u_{\beta s}^2} \\ \theta_u = \arctan \dfrac{u_{\beta s}}{u_{\alpha s}} \end{cases} \tag{5-5}$$

双馈发电机矢量控制系统框图如图 5-21 所示。

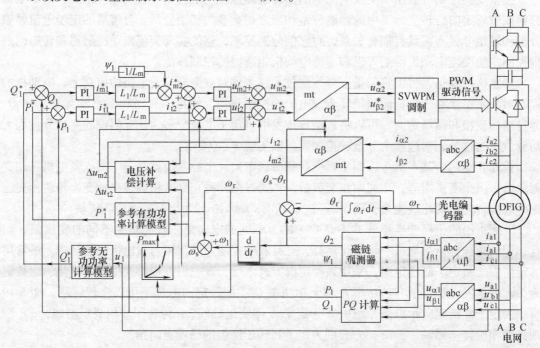

图 5-21 双馈发电机矢量控制系统框图

整个控制系统采用双闭环结构，外环为功率控制环，内环为电流控制环。在功率环中，P_1^* 和 Q_1^* 分别由参考有功功率模型和参考无功功率模型计算得出。

P_1^* 和 Q_1^* 与功率反馈值 P_1、Q_1 进行比较，差值经 PI 型功率调节器运算，输出定子电流有功分量及无功分量参考指令 i_{m1}^* 和 i_{t1}^*。根据 i_{m1}^* 和 i_{t1}^* 计算得到转子电流的有功分量和无功分量参考指令 i_{m2}^*，i_{t2}^*。i_{m2}^* 和 i_{t2}^* 和转子电流反馈量 i_{m2} 和 i_{t2} 比较后的差值送入 PI 型电流调节器，调节后输出电压分量 u'_{m2}、u'_{t2}，u'_{m2}、u'_{t2} 加上电压补偿分量 Δu_{m2}、Δu_{t2} 就可获得转子电压指令 u^*_{m2} 和 u^*_{t2}，u^*_{m2} 和 u^*_{t2} 经坐标变换后得到双馈异步发电机转子电压在两相静止 $\alpha_2\beta_2$ 坐标系的控制指令 $u^*_{\alpha2}$、$u^*_{\beta2}$。根据 $u^*_{\alpha2}$、$u^*_{\beta2}$ 进行空间电压向量 PWM 脉宽调制后输出作为电机侧变换器的驱动信号，控制电机侧变换器输出指定的转子电流控制电压即可实现对双馈异步发电机的控制。

2. 转子变流器

在双馈异步发电机组成的变速恒频风力发电系统中，异步发电机转子回路中可以采用不同类型的循环变流器作为转子交流励磁电源。

（1）变-直-交电压型强迫换流变流器　采用此种变流器的电机可实现由亚同步到超同步运行的平稳过渡，这样可以扩大风力机变速运行的范围；此外，由于采用了强迫换流，还可实现功率因子的调节，但由于转子电流为方波，会在电机内产生低次谐波转矩。

（2）采用交-交变流器　采用交-交变流器，可以省去交-直-交变频器中的直流环节；同样可以实现由亚同步到超同步运行的平稳过渡及实现功率因子的调节，其缺点是需应用较多的晶闸管，同时在电机内也会产生低次谐波转矩。

（3）采用脉宽调制（PWM）控制的由 IGBT 组成的交-直-交变流器　采用最新电力电子技术的 IGBT 变频器及 PWM 控制技术，可以获得正弦转子电流，电机内不会产生低次谐波转矩，同时能实现功率因子的调节，现代兆瓦级以上的双馈异步风力发电机多采用这种变流器。

3. PWM 控制的基本原理及交-直-交变流器

PWM(Pulse Width Modulation) 控制就是对脉冲的宽度进行调制的技术。即通过对一系列脉冲的宽度进行调制，来等效地获得所需要波形。在采样控制理论中有一个重要的结论：冲量相等而形状不同的窄脉冲加在具有惯性的环节上时，其效果基本相同。冲量即指窄脉冲的面积，这里所说的效果基本相同，是指环节的输出响应波形基本相同。这个原理就称之为面积等效原理，它是 PWM 控制技术的重要理论基础。

根据这一思想，考虑如何用一系列等幅不等宽的脉冲，来代替一个正弦半波。如图 5-22b 所示的脉冲序列就是 PWM 波形，从图中可以看出，各脉冲的幅值相等，而宽度是按正弦规律变化的。这种脉冲的宽度按正弦规律变化而和正弦波等效的 PWM 波形，也称为 SPWM （Sinusoidal PWM） 波形。

交-直-交变流器的拓扑结构如图 5-23 所示。

该变流励磁电源可以看成双向四象限变流器，双向的含义是可以实现功率双向流动，即转子通过变流器既可以从电网吸收电能，又可以向电网回馈电能，分别对应双馈电机的亚同步和超同步运行状态。四象限是指变流励磁电源可以运行于以正阻性、纯电容、负阻性、纯电感这四种典型特性为边界组成的四个象限内的任何一点，它可以根据需要将电网三相工频电压变换成频率、幅值、相位均可变的励磁电压实现转子交流励磁。

变流器有两部分组成，一部分叫网侧变换器，另一部

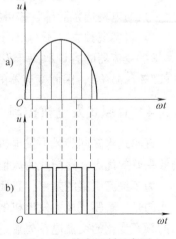

图 5-22　脉宽调制示意图

分叫转子侧变换器，这是根据其所在位置命名的。网侧变换器的作用是实现电网交流侧单位功率因数的控制和在各种状态下保持直流环节电压的稳定，确保转子侧变换器乃至整个双馈发电机励磁系统可靠工作。转子侧变换器的主要功能是在转子侧实现根据发电机矢量控制系统指令变换出需要的励磁电压。前面双馈发电机矢量控制得到的转子三相励磁电压就是通过转子侧变换器实现的。网侧变换器和转子侧变换器在电路拓扑结构上完全一样，都是三相桥式 PWM 电路，它们关于中间的直流电容对称，因此又称为背靠背变流器。电路中的主要器件是 6 个开关型电力电子器件（IGBT）以及与其反并联的二极管。

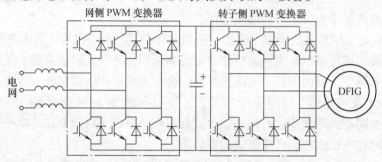

图 5-23　交-直-交变流器电路拓扑图

4. 系统的优越性

1）这种变速恒频发电系统有能力控制异步发电机的转差在恰当的数值范围内变化，因此可以实现优化风力机叶片的桨距调节，即可以减少风力机叶片桨距的调节频率，这对桨距调节机构是有利的。

2）可以降低风力发电机组运转时的噪声水平。

3）可以降低机组转矩剧烈的起伏，从而能够减小旋转部件的机械应力，这为减轻部件质量或研制大型风力发电机组提供了有力的保证。

4）由于风力机是变速运行，其运行速度能够在一个较宽的范围内被调节到风力机的最优化效率数值，使风力机的 λ 值得到最佳，从而获得高的发电效率。

5）可以实现发电机低起伏平滑的电功率输出，优化了供电质量。

6）与电网连接简单，并可实现功率因子的调节。

7）可实现独立（不与电网连接）运行，几个相同的独立运行机组也可实现并联运行。

8）变流器的容量取决于发电机变速运行时最大转差功率，一般电机的最大转差率为 $\pm(25\% \sim 35\%)$，因此变流器的最大容量仅为发电机额定容量的 $1/3 \sim 1/4$。

5.3.4　直驱式发电机控制

直驱式永磁同步风力发电机组也是风力发电领域的主要机型之一，因其具有效率高、控制效果好的优点，逐渐成为人们研究的焦点。

为了提高机组的效率，直驱式风力发电机也是以变速恒频方式运行的，与双馈风电机组不同的是，直驱式风力发电机的变速恒频控制是在发电机的定子侧电路中实现的。发电机发出的频率变化的交流电首先通过三相桥式整流器变换成直流电，然后通过逆变器转换为恒定频率的交流电送入工频电网。另外永磁电机不需要电励磁，使得控制上更加简单。

图 5-4 是直驱式永磁同步发电机组系统的结构图，发电机定子和电网之间采用全功率背靠背电压源型变流器。与电网相连的变流器可控制直流侧电压和流向电网的发电功率，可以实现有功功率和无功功率的独立解耦控制；与发电机相连的变流器可根据风速的变化调节发电机的转速，实现最大功率跟踪、最大效率利用风能。

对于永磁同步发电机来说，由于其转子磁场是不可控的，因此其控制策略与带励磁绕组的同步发电机不同。由转子磁场定向 dq0 旋转坐标系下的发电机瞬时电磁转矩方程式可知，在系统参数不变的情况下，对电磁转矩的控制最终可归结为对定子横轴电流和纵轴电流的控制。对于给定的输出电磁转矩，有多个横、纵轴电流的控制组合，不同的组合将影响系统的效率、功率因数、发电机端电压以及转矩输出能力，由此形成了永磁同步发电机的电流控制策略问题。永磁同步发电机的控制策略如下：

永磁同步电机采用 dq0 轴系转子磁链定向控制，并使纵轴电流 $i_d = 0$，这是直驱式永磁同步风力发电系统中最常用的控制策略。$i_d = 0$ 时，从发电机端口看，相当于一台他励直流发电机，定子电流只有横轴分量，且定子磁链空间矢量和永磁体磁链空间矢量正交。

$i_d = 0$ 时，发电机电磁转矩与横轴电流分量成正比，即

$$T_{em} = p\psi_f i_q \tag{5-6}$$

式中，T_{em} 为电磁转矩；p 为极对数；ψ_f 为永磁体磁链。

图 5-24 为 $i_d = 0$ 时永磁同步电机空间矢量图。由于定子电流纵轴分量为零，不存在 d 轴的电枢反应，因此不产生去磁作用。

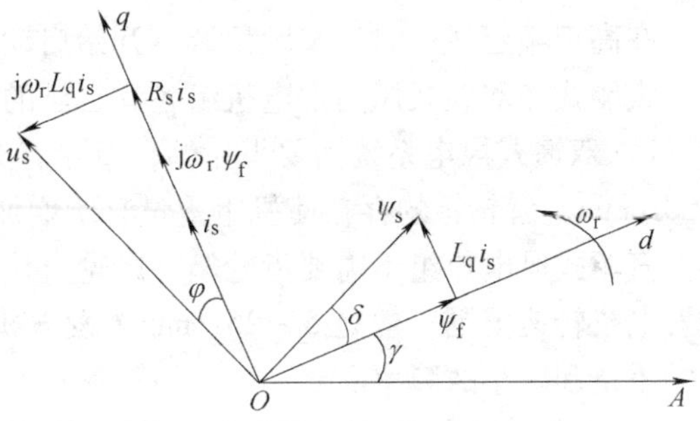

由矢量图可以看出，此时内功率因数角 $\phi = 0$，定子电流 i_s 出现在 q 轴上。

在低于额定风速情况下，为了追踪最大风能，需要随着风速的变化调节风轮的转速，保证最优的叶尖速比和最大风能利用系数。由运动方程可知

$$T_m = T_{em} + B_m\omega_g + Jp\omega_g \tag{5-7}$$

图 5-24　$i_d = 0$ 永磁同步电机矢量图

式中，T_m 为原动机输入的机械转矩；J 为系统的转动惯量；ω_g 为机械转速，$\omega_g = \omega_r/p$；B_m 为摩擦系数。其中

$$T_m = \frac{P_{max}}{\omega_m} = \frac{\pi}{2}C_{P\max}\rho R^2\left(\frac{\omega_m R}{\lambda_{opt}}\right)^3 / \omega_m = k_m\omega_m^2 \tag{5-8}$$

式中，P_{max} 为输入机械功率的最大值；ω_m 为风轮转速；k_m 为最优输出功率常数。

对于无齿轮箱的直驱式风电系统，转子机械转速与风轮转速相同。所以 $T_m = k_m\omega_g^2$，代入运动方程，得

$$k_m\omega_g^2 = T_{em} + B_m\omega_g + Jp\omega_g \tag{5-9}$$

因此，在风速变化的情况下，调节发电机的电磁转矩，即可影响永磁同步发电机的机械转速，使风轮的转速跟踪参考值，来获得最优的叶尖速比，以此达到最大效率利用风能的目的。

具体的系统控制框图如图 5-25 所示。

由图 5-25 可知，在低于额定风速时，为追踪最大风能，根据逆变器输出的电功率可算出当前的参考转速。参考转速与实际转速比较，可得到 q 轴的参考电流，调节实际电流跟踪

该参考电流值并加上前馈补偿项，可得到 q 轴的参考电压。在整个过程中保持 $i_d = 0$ 不变，以此得到的定子端在 dq0 轴系下的参考电压，经过 2/3 变换，转换为三相坐标系下的参考电压，通过可控整流器调节电机定子端实际输出三相电压跟踪该给定值，即可达到最大风能捕捉的目的。

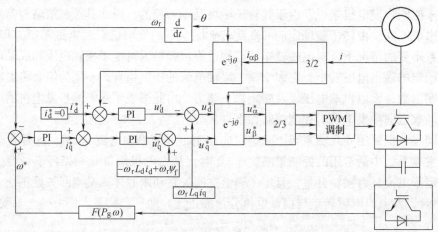

图 5-25 直驱式风电系统发电机侧变流器控制框图

在高于额定风速时，桨距角调节开始启动，保证电机输出功率保持额定值不变。

直驱式和双馈式风力发电机组各有自己的优点，它们的比较如下：

1）双馈式风电系统需要齿轮箱，意味着电机可以高速运转，标准双馈电机额定转速为 1500r/min，齿轮箱的存在使机组重量有所增加，在机组的维护中，齿轮箱的故障率较高。

直驱式风电机组不需要齿轮箱，风轮直接耦合发电机转子，发电机转速较低，直驱式永磁发电机转速范围一般是 5~25r/min，发电机起动转矩较大；不需要齿轮箱，可以减轻机组的重量和减小故障率。

2）双馈式电机为异步发电机。定子绕组直接连接电网，转子绕组接线端由电刷集电环引出，通过变流器连接电网，变流器功率可以双向流动，通过转子交流励磁调节实现变速恒频运行，机组的运行范围很宽，转速在额定转速 60%~110% 的范围内都可以获得良好的功率输出。

直驱式电机为同步发电机。定子绕组经全功率变流器接入电网，机组运行范围较宽。转子为多级永磁体励磁，永磁体的阻抗低，减少了系统损耗，但电机结构复杂、直径较大、运输困难。

3）用于双馈式电机的变流器，由于流过转子电路的功率是由发电机的转速运行范围所决定的转差功率，仅为定子额定功率的一部分，因此双向励磁变流器的容量仅为发电机容量的一部分，成本将会大大降低，容量越大优势越明显。

用于直驱的变流器为全功率变频，容量大、成本高。

4）双馈式风电系统网端采用定子电压或定子磁链定向的原则，可以实现并网功率的有功无功独立调节，功率因数可调。

直驱式风电系统网端采用网侧电压定向的原则，可以实现并网功率的有功无功解耦控制，功率因数可调。

5.4 风力发电机组信号检测

5.4.1 风速及风向信号检测

在风力发电系统中，风速与风向是重要的风况参数，其中，风速是功率计算及风力机控制的重要参考量，风向是偏航控制的主要参考量，因而对风速及风向的准确测量是十分重要的。根据国际能源组织 IEA（1982）的标准，风力计的误差要低于 5%；而对于 IEA（1990）所修订推荐的标准，在 4 ~ 25m/s 的风速下，其测量精确度要达到 ±0.5m/s 以上。目前常用的测风速及风向传感装置风向标和风杯风速计如图 5-26 所示。

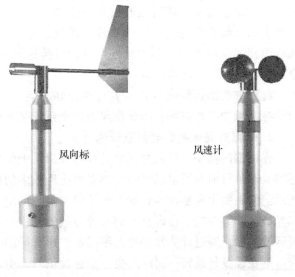

风向标与风速计安装在风力发电机组机舱罩上的固定支架上，其中，风速计的传感部分由 3 个互成 120°固定在支架上的抛物锥空杯组成，在风速作用下与同轴联接的四极磁铁共同旋转，在一侧固定的低阻抗线圈中产生出与风速成比例的交流信号输出，交流信号的频率与风速成正比，因此，检测交流信号的频率大小即可得到转速。

图 5-26　风向标和风速计

机组用来对风的风向信号来自风向标。IEC 的标准是风向的测量误差不要大于 5°。风向标一般有两种方式；一种风向标是圆筒遮光罩——光电管结构，遮光罩开口角度 164°，并随风向标转动，4 个圆周 90°布置的槽型光电管固定在传感器基座上，通过遮光罩是否遮挡光电管来检测风向，考虑到风向标的摆动角左右不超过 10°，当风向改变达到 ±18°时通过光电管给出偏航信号。

另一种是光电感应传感器，即绝对型光电编码器，其内部带有一个 n 位的格雷码盘，当风向标随风转动时，同时也带动格雷码盘转动，由此得到不同的格雷编码，通过光电感应元件，变成一组 n 位数字信号传入控制器。格雷码盘将 360° 圆周分成 2^n 个区，每个区为 $360°/2^n$，故其测量精度为 $360°/2^n$。这种检测方式可以快速准确地得到偏航位置信息，不需要相应的控制算法即可实现偏差角度的测量，增加了系统的可靠性和稳定性。

5.4.2 转速信号检测

主要包括风轮转速和发电机转速的测量。在风力发电机组的控制系统中，由于风轮和发电机的转速直接影响机组的运行和并网，是控制系统的重要测量参数，因此对转速测量的准确度和精度都有较高的要求。风力发电机转速测量一般有以下两种方法：

1. 霍尔传感器测量转速

当带电半导体置于磁力线和电流方向垂直的磁场中时，在半导体与电流垂直的方向上会产生电压，这就是霍尔效应。这个电压与电流 I 及磁感应强度 B 成正比：

$$U_H = K \times B \times I \qquad (5\text{-}10)$$

式中，U_H 为霍尔电压；B 为磁感应强度；I 为控制电流；K 为霍尔灵敏度。用霍尔器件可以进行非接触式测量。

在测速系统中，待测发电机或风轮的转轴上要增设一个专用的测速齿轮，把与磁铁及霍尔元件封装在一起的传感器安装在距齿轮 3 ~ 10mm 的位置，磁场由磁铁提供，电流由电压源驱动。当转轴转动时，齿轮与磁极之间磁阻大小发生交替改变，使得磁通量发生交变，即可产生随齿轮变化的交流电压信号，通过信号调理电路（见图 5-27）后的脉冲信号即可传送至处理器进行转速计数运算。

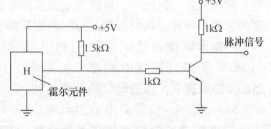

图 5-27　霍尔传感器信号调理电路

此种方法测量精度较高，实时性较好，但由于在测量中存在磁场，因此在风力发电系统恶劣的环境中可能会受到外界电磁干扰。

2. 增量式光电编码器测量转速

光电编码器是一种通过光电转换将输出轴上的机械几何位移量转换成脉冲或数字量的传感器。这是目前在风电机组转速测量中应用较多的传感器。光电编码器的基本结构如图 5-28 所示。它主要由安装在旋转轴上的编码圆盘、固定指示标度盘、以及安装在圆盘两边的光源和光敏元件等组成。在码盘上刻有等分透光的主信号和零信号窗口，主信号用来产生角度分割脉冲信号，通过计算每秒光电编码器输出脉冲的个数就能反映当前电动机的转速。零信号窗口则在圆盘每旋转一周时产生一个脉冲信号，主要用于错误计数的检测和作为每周的原点使用。在指示标度盘上有三个窗口，除了一个作为零信号使用外，其余两个窗口可以获得 0° 和 90° 两相的主信号输出，从中可以获得旋转轴的旋转方向信息。

三条码道脉冲输出信号波形如图 5-29 所示，通过光电编码器，既可以测量出发电机和风轮的转速，又可以测量出转动的方向。

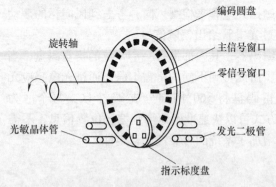

图 5-28　光电编码盘结构原理图

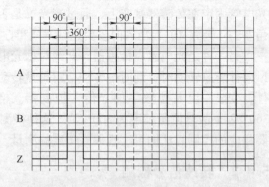

图 5-29　光电编码器输出波形

5.5　控制系统的执行机构

控制系统的执行机构主要指变桨系统、偏航系统和液压制动系统。其中变桨系统分为液压变桨系统和电机驱动变桨系统两种，用来完成对风力机的变桨距操作。液压系统为液压变桨距系统提供动力并执行风力机的机械制动操作。偏航系统使风轮轴线与风向保持一致。

5.5.1　制动保护系统

在实际应用中，要求风力发电机组具有空气动力制动和机械制动功能。定桨距风力机的叶尖扰流器及变桨距风力机的变桨功能具有气动制动作用，可以在电网掉电情况下使风力机减速，机械制动器可以保证机组制动停机。

对于定桨距风电机组，当风力发电机组处于运行状态时，叶尖扰流器作为叶片的一部分起吸收风能的作用，保持这种状态的动力是风力发电机组中的液压系统。液压系统提供的压力油通过旋转接头进入叶片根部的液压缸，压缩叶尖扰流器机构中的弹簧，使叶尖扰流器与叶片主体平滑地连为一体；当风力发电机组需要停机时，液压系统释放压力油，叶尖扰流器在弹簧及离心力作用下，按设计的轨迹转过 90°，在空气阻力作用下起到制动作用。对于变桨距风力机，整个叶片的桨距角在 0°～90°是可调的，因此同样可以起到气动制动的作用。

盘式制动在大型风力发电机组中主要作为辅助制动装置使用。盘式制动一般都安排在高速轴上，典型的机械制动器由钢制制动盘和一个或多个制动钳组成，安排在高速轴上的优点是需要的制动转矩较小，减小了制动盘的直径及重量，缺点是齿轮箱的传动链承受制动力矩。

制动系统是风力发电机组安全保障的重要环节，制动系统一般按失效保护原则设计，即失电时或液压系统失效时处于制动状态。

5.5.2　变桨距执行系统

变桨距机构是变桨距风电机组实现变桨距控制和气动安全制动的关键机构之一。按照风电机组变桨控制需要，变桨距机构应满足以下要求：

1）当风轮正常工作时，通过变桨距机构将叶片控制在某一气动角度以适合实际风速的运行状态，即保证风电机组运行中桨距的相对位置，实现电控系统的实时控制，使叶片上的空气动力流动处于最佳状态。

2）当风速超过限定值时或其他控制指令需要停机时，三个叶片同时通过变桨距机构，迅速绕叶片轴旋转至顺桨位置。此时，叶片由推力面变成了气动阻力板，在叶片气动阻力作用下，风轮转速迅速降低，从而实现风轮叶片的气动制动。顺桨后，风轮迅速由额定转速降至极低转速，为实施机械制动创造条件。

目前变桨距机构主要有两种方案：液压执行机构和电机执行机构。液压执行机构以其响应速度快、转矩大、系统失电时自动顺桨保护等优点在目前的变桨距机构中应用较为普遍，它特别适合于大型风力机的场合。而电机执行机构以其结构简单、容易实现对叶片的单独控制，也受到许多厂家的青睐，但顺桨蓄电池一旦失效会给机组带来安全隐患。

变桨距控制执行系统原理如图 5-30 所示，控制系统根据当前风速大小，通过相应的控制算法给定当前叶片桨距角为 β_{ref}，通过桨距控制器把角度信号转变为相应的伺服系统控制信号，通过伺服控制系统驱动变桨距机构进行桨距角调整。同时，桨距角的变化通过角位移传感器反馈回来与给定值进行比较，构成闭环控制环节。桨距角控制器具有上、下限限幅功能，目的是限制执行机构的行程。

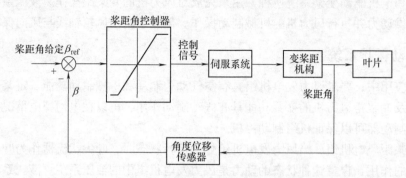

图 5-30　变桨距控制执行系统原理

1. 变桨距机构液压执行系统

图 5-31 为液压变桨机构原理示意图，叶片通过机械连杆机构与液压缸相连接，桨距角的变化同液压缸位移基本成正比。当液压缸活塞杆向左移动到最大位置时，桨距角为 88°，而活塞杆向右移动到最大位置时，桨距角为 −5°。在系统正常工作时，两位三通电磁换向阀 a、b、c 都通电，液控单向阀打开，液压缸的位移由电液比例换向阀进行精确控制。在风速低于额定风速时，电液比例换向阀维持叶片桨距角为 3°不变；当风速高于额定风速时，根据输出功率指令调节叶片的桨距角到合适位置，使输出功率恒定。电液比例技术具有控制原理简单、控制精度高、抗油污染能力强、价格适中等优点，是目前液压工程领域应用比较广的一种控制技术。

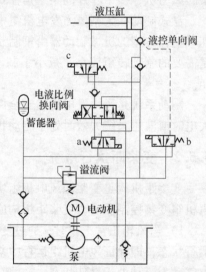

图 5-31　变桨距机构液压原理图

如果系统出现故障需紧急制动时，各电磁阀失电，来自蓄能器的压力油使液压缸活塞向左移动到顺桨位置。如果蓄能器内的液压油不够液压缸走完全程，液压缸内左侧的油液会通过两位二通换向阀 c 和单向阀进入油缸后端，保证使叶片达到顺桨位置。

2. 变桨距机构电动机执行系统

电动机驱动变桨距执行机构主要由伺服控制器、交流伺服电动机、减速齿轮箱、变桨轴承及蓄电池等组成。如图 5-32 所示，其中，回转支撑轴承分为内外环，外环固定在轮毂上起支撑作用，叶片安装在可转动的内环上，变桨时电动机经减速器带动齿轮旋转，而齿轮与内环啮合，从而带动内环与叶片一起旋转，实现了改变桨距角的目的。

每个叶片采用一套伺服电动机驱动装置进行单独调节，伺服电动机通过主动齿轮与叶片轮毂内齿圈相连，直接对叶片的桨距角进行控制。位移传感器采集叶片桨距角的位置信号并与控制装置形成闭环反馈控制。在系统出现故障使控制电源断电时，叶片控制电机由蓄电池供电，在 60s 内将叶片调节为顺桨位置。在蓄电池电量耗尽时，继电器断路，原来由电磁力吸合的制动齿轮弹出，制动叶片，保持叶片处于顺桨位置。

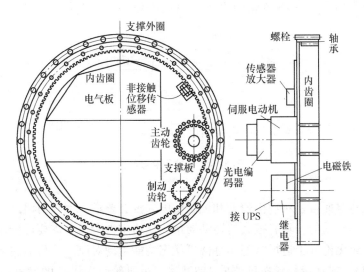

图 5-32　变桨距电机执行机构原理图

5.5.3　偏航系统

1. 偏航系统的基本结构

偏航系统是风力发电机组特有的伺服系统。它主要有两个功能：一是使风轮跟踪变化稳定的风向；二是当风力发电机组由于偏航作用，机舱内引出的电缆发生缠绕时，自动解除缠绕。

大型风力发电机组的偏航系统一般均采取如图 5-33 所示的结构，风力发电机组的机舱安装在回转支撑上，而回转支撑的内齿圈与风力发电机组塔架用螺栓紧固相联，外齿圈与机舱固定。调向操作是通过四台与调向内齿圈啮合的调向减速电机驱动的。另外，在机舱底板上装有盘式制动装置，塔架顶部环形法兰为制动盘。

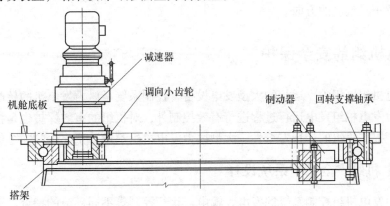

图 5-33　偏航系统结构

2. 偏航控制系统

偏航系统是一随动系统，当风向与风轮轴线偏离一个角度时，控制系统经过一段时间的确认后，会控制偏航电动机将风轮调整到与风向一致的方位。偏航控制系统如图 5-34 所示。

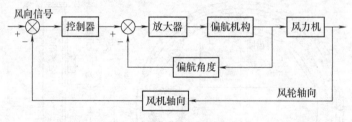

图 5-34　偏航控制系统

就偏航控制本身而言，对响应速度和控制精度并没有要求，但在对风过程中风力发电机组是作为一个整体转动的，具有很大的转动惯量，从稳定性考虑，需要设置足够的阻尼。

风力发电机组无论处于运行状态还是待机状态均能主动对风。当机舱在待机状态已调向720°（根据设定），或在运行状态已调向 1080°时，由机舱引入塔架的发电机电缆将处于缠绕状态，这时控制器会报告故障，风力发电机组将停机，并自动进行解缆处理（偏航系统按照缠绕的反方向旋转720°或1080°），解缆结束后，故障信号消除，控制器自动复位。

3. 解缆操作

发电机电缆及所有电气、通信电缆均从机舱直接引入塔筒，直到地面控制柜，如果机舱经常向一个方向偏航，就会引起电缆严重扭转。因此偏航系统还应具备扭缆保护的功能。在偏航齿轮上安有一个独立的记数传感器，以记录相对初始方位所转过的齿数。当风力机向一个方向持续偏航达到设定值时，表示电缆已被扭转到危险的程度，控制器将发出停机指令并显示故障。风力发电机组停机并执行顺或逆时针解缆操作。为了提高可靠性，在电缆引入塔筒处（即塔筒顶部），还安装了行程开关，行程开关触点与电缆相连，当电缆扭转角度超过180°后直接拉动行程开关，引起安全停机。为了便于了解偏航系统的当前状态，控制器可根据偏航记数传感器的报告，记录相对初始方位所转过的齿数，显示机舱当前方位与初始方位的偏转角度及正在偏航的方向。

5.6　风电机组的安全保护

风力发电机组属于独立运行的大型发电设备，控制系统是风力发电机的核心部件，它除了需要对风力发电机组发电运行过程进行有效控制外，对机组的有效保护也是控制系统的重要内容。为了提高机组的运行安全性，大型风力发电机组都设计了完善的安全保护系统。

5.6.1　风电机组安全保护系统设计

根据风力发电机组控制系统的发电、输电、运行控制等不同环节的特点，一般对于风电机组保护系统分为三个保护等级，如图 5-35 所示。

第一级为正常保护等级，当发生此类事件时风电机组执行正常停机程序；第二级为快速保护等级，当发生此类事件时系统执行快速停机程序；第三级为紧急保护等级，当发生此类事件时系统启动紧急停机程序。其中，第一级和第二级保护发生后若检测到系统已恢复正常可以自动启动风电机组，但若发生第三级保护事件，系统不能自启动，必须进行手动复位安全链回路，方能重新启动系统。

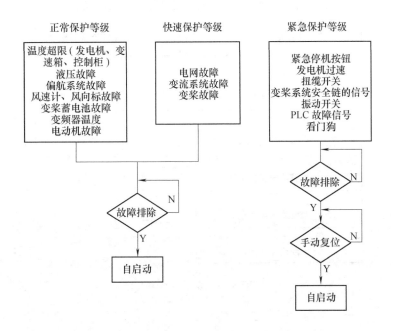

图 5-35　三级保护原理

5.6.2　风电机组安全链系统

紧急保护等级即为安全链系统保护。风电机组安全链是独立于计算机系统的软硬件保护措施，在设计中采用反逻辑设计，即将可能对风力机组造成严重损害的故障节点串联成一个回路。一旦其中一个节点动作，将引起整条回路断电，机组进入紧急停机过程，并使主控系统和变流系统处于闭锁状态。如果故障节点得不到恢复，整个机组正常的运行操作都不能实现。同时，安全链也是整个机组的最后一道保护，它处于机组的软件保护之后。安全系统由符合国际标准的逻辑控制模块和硬件开关节点组成，它的实施使机组更加安全可靠。

设计原则与要求：

1）风电机组发生故障，或运行参数超过极限值而出现危险情况，或控制系统失效，风电机组不能保持在它的正常运行范围内，则应启动安全保护系统，使风电机组维持在安全状态。

2）安全保护系统的设计应以失效-安全为原则。

3）安全保护系统的动作应独立于控制系统。

以某双馈型风电机组为例，风力发电机组安全链系统如图 5-36 所示，其中包括紧急停机按钮、叶轮超速、发电机超速、扭缆开关、变桨系统故障、振动开关、计算机故障（看门狗开关）等。其中任意一个节点动作，都将引起整个回路断电，机组进入紧急停机状态，并引起主控系统安全链、变流系统安全链、偏航系统安全链和变桨安全链失电闭锁。

安全链打开后风电机组不能自起动，只能通过手动复位来解锁控制系统。

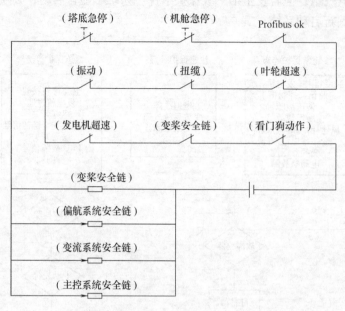

图 5-36　安全链系统

5.6.3　风力发电机组防雷保护

风力发电机组都是安装在野外广阔的平原地区，风力发电设备高达几十米甚至上百米，导致其极易被雷击并直接成为雷电的接闪物。由于机组内部结构非常紧凑，无论叶片、机舱还是尾翼受到雷击，机舱内的电控系统等设备都可能受到机舱的高电位反击。实际上，对于处于旷野之中高耸物体，无论怎么样防护，都不可能完全避免雷击。因此，对于风力发电机组的防雷来说，应该把重点放在遭受雷击时如何迅速将雷电流引入大地，尽可能地减少由雷电导入设备的电流，最大限度地保障设备和人员的安全，使损失降到最小的程度。

1. 叶片防雷

雷击造成叶片损坏的机理是：雷电释放巨大的能量，使叶片结构温度急剧升高，分解气体高温膨胀，压力上升造成爆裂破坏。风电机组的叶片中，有的叶片并没有设置内部导电体或进行表面金属化处理，仅是纯粹的玻璃增强塑料结构或木结构。运行经验表明，这种叶片受到雷击通常是灾难性的。因此，应在叶片物理设计上采取一定的防雷措施，以减小叶片遭受雷击时的损伤，如图 5-37 所示。

研究实验表明，不管叶片是用木头或玻璃纤维制成，或是叶片包导电体，雷电导致损害的范围取决于叶片的形式。叶片全绝缘并不减少被雷击的危险，而会增加损害的次数，且多数情况下被雷击的区域在叶片背面。在此基础上，设计了具有较好防雷效果的叶片，在叶尖部分装有接闪器（图中钢丝网）捕捉雷电，再通过叶片内腔导引线使雷电导入大地保护叶片，经验证此种结构具有较好的效果。

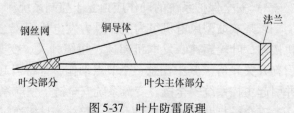

图 5-37　叶片防雷原理

2. 机舱防雷

如果叶片采取了防雷保护措施，也就相当于实现了对机舱的直击雷防护。虽然如此，也需要在机舱尾部设立避雷针，并与机架紧密连接。对由非导电材料制成的机舱中的控制信号等敏感的线路部分都应有效屏蔽，屏蔽层两端都应与设备外壳连接。

对于机舱和机舱内各部件，钢架机舱底盘为机舱内的各部件提供了基本保护。机舱内的各部件通过连接螺栓可靠地连接到机舱底座的金属支撑架上，任何铰链连接应采用尽可能宽的柔性铜带跨接。在机舱内，不与底盘连接的所有部件都与接地电缆相连，齿轮箱和发电机间的连接采用柔性绝缘连接，接地导线连接到机舱底盘的等电位体上，防止雷电电流通过齿轮箱流经发电机。机舱底盘通过偏航环的螺栓可靠地接到塔筒壁上。

3. 电控系统防雷

风力发电机的交流电源通常是由供电线路由电网直接引入，当雷击于电网附近或直击于电网时，会在线路上产生过电压波，这种过电压波通过交流系统传入风电设备，会造成电子设备的损坏。

电控系统的防雷保护主要包括配电变压器、电源、信号电路及通信线路的保护。配电变压器是风力发电机供电系统的重要设备，对配电变压器的防雷一方面可以防止变压器本身受到雷电过电压的破坏，另一方面可以有效防止雷电过电压通过变压器传播到建筑物内的电源系统。

为了降低干扰，在风力发电机组之间一般采用光缆进行数据传输通信，但在单个风力发电机内部，各子系统之间的通信一般为电缆连接。雷电电磁脉冲能够在信号线路及其回路中感应出暂态过电压，同时，信号电路中电子设备的绝缘强度较低，过电压和过电流耐受能力差，很容易受到暂态过电压的危害。

对于电源及信号传输电路的保护一般包含泄流和钳位两个基本环节。第一级作为泄流环节，主要用于旁路泄放暂态大电流，将大部分暂态能量释放掉。第二级作为钳位环节，将暂态过电压限制到被保护电子设备可以耐受的水平。

4. 接地保护

良好的接地是保证雷击过程中风电机组安全的必备条件。由于风电场通常会布置在山地且范围非常大，而山地的土壤电阻率一般较高，因此按照一般电气设备的接地方式设计风电机组的接地系统显然不能满足其安全要求。风电机组基础周围事先都要布置一小型的接地网，它由 1 个金属圆环和若干垂直接地棒组成，但这样的接地网很难满足接地电阻须小于 4Ω 的要求。通常的改善措施是将风电场内所有的机组接地网都连接起来，以降低整个风电场的接地电阻。由于风电场机组间都布置有电力电缆和通信电缆，因此机组接地网的连接实际上可以通过这些电缆的屏蔽层来实现。另外，还可在机组接地网间敷设金属导体，当遭受雷击时可显著降低风电场的地电位升高。

思 考 题

1. 风力发电机组的控制系统一般应具有哪些功能？
2. 风力发电机组在运行过程可分为哪些工作状态？
3. 试分析风电机组风能利用系数 C_p 与叶尖速比 λ 的关系。
4. 随着风速变化，变桨距风力机可以划分为四个典型运行阶段，试分析在各阶段变桨距控制的目标有何区别?

5. 变桨距系统具有怎样的控制特性?

6. 如何理解低于额定风速时的最大风能捕获与高于额定风速时的恒功率控制?

7. 结合转差可调异步发电机的控制原理,分析低于额定风速与高于额定风速下发电机功率的调节过程。

8. 什么是变速恒频发电系统,双馈异步风力发电机是如何实现变速恒频发电的?

9. 变流器在风力发电系统中主要起什么作用?

10. 总结一下双馈风力发电机与直驱风力发电机在控制上各有何特点?

11. 液压变桨距执行机构与电机变桨距执行机构各有何优缺点?

12. 如何理解机组安全链系统的失效性设计原则?

第6章　垂直轴风力发电机组

本书前五章内容均是介绍水平轴风电机组。大功率垂直轴风力发电机结构相对简单、制造成本较低，尤其是达里厄（Darrieus）风力机，也具有优越的空气动力性能，近年来受到人们越来越多的关注。本章主要介绍垂直轴风力机（Vertical Axis Wind Turbine，VAWT）的结构、特点及原理。

6.1　垂直轴风力发电机组及其发展概况

水平轴风力机的风轮围绕一个水平轴旋转，工作时风轮的旋转平面与风向垂直。风轮上的叶片是径向安置的，与旋转轴相垂直，并与风轮的旋转平面成一定角度（桨距角）。垂直轴风力机的风轮则是围绕一个垂直轴旋转。垂直轴风力机的应用可以追溯到几千年前，但是，垂直轴风力发电机组的发明则要比水平轴风力发电机组晚一些，直到20世纪20年代才开始出现Savonius型（S型）风轮（1924年）和Darrieus型风轮（1931年）。如图6-1所示。当时人们普遍认为垂直轴风轮的叶尖速比不可能大于1，风能利用率远低于水平轴风力发电机。随着科学技术的发展，人们逐渐认识到垂直轴风轮的叶尖速比不能大于1的情况仅限于阻力型风轮（S型风轮）。对于升力型风轮（达里厄式风轮）的叶尖速比甚至可以达到6，其风能利用效率也与水平轴风力机相近。

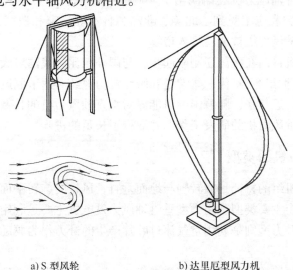

a) S 型风轮　　　　　　　　　　b) 达里厄型风力机

图 6-1　垂直轴风力机

6.1.1　垂直轴风力发电机组的发展概况

早在公元1219年，我国就有了关于垂直轴风力机的文献记载。公元1300年，波斯也记载了具有多枚翼板的垂直轴风力机。这些垂直轴风力机都是阻力型机组，多数被用来提水、碾米或助航等。

与水平轴风力机相比，垂直轴风力机的研究相对滞后。20 世纪 20～30 年代是垂直轴风力机研究的第一个高峰期。这期间出现了多种类型的垂直轴风力机，例如萨渥纽斯型（Savonius rotor）、马达拉斯型（Madaras rotor）和达里厄型（Darrieus VAWT）等。

1929 年，芬兰工程师 S. J. Savonius 发明了后来以其名字命名的萨渥纽斯型风力机（见图 6-1a）。

1931 年，法国工程师达里厄（George Jeans Mary Dar-rieus）从美国专利局获得后来以其名字命名的达里厄风力机的专利。下面着重介绍曲线翼型达里厄风力机的发展。

达里厄风力机在 20 世纪 70～80 年代迎来了一次发展高峰，这一时期的研究主要集中在北美。加拿大国立研究委员会（NRC）和美国圣地亚国立实验室（SNL）对其进行了大量的理论和实验研究。

1977 年 5 月，加拿大第一台大型达里厄风力机在魁北克省东部的马格达伦岛建成。1987 年，SNL 成功地研制了一台商业和研究两用的大型达里厄风力机，直径 34m，输出功率为 625kW。1986 年，加拿大的 Lavalin 公司开始生产 Eole 系列达里厄风力机。其中 Eole-64 风力机直径达 64m，额定转数固定为 10r/min 和 11.35r/min，在风速 17m/s 时，其最大输出功率可达 3.6MW。除了上述介绍的美国和加拿大之外，英国（VAWT 型）、法国（CENG D 型）、荷兰（Pionier I 型和 Cantilever 型）、罗马尼亚（TEV 100 型）和瑞士（Alpha Real 型）等国家都研制过达里厄风力机。

20 世纪 90 年代，随着水平轴风力机成为大型商业风力发电场的主流机型，以达里厄风力机为代表的大型垂直轴风力机逐渐淡出了人们的视野。2000 年以来，直线翼垂直轴风力机和 H 型风力机的研究和应用受到了北美、欧洲和日本等国家和地区的关注，许多形状各异的商用中小型垂直轴风力机被成功投入市场。

大型垂直轴风力机目前在我国还刚刚起步，与国外相比，我国对大型垂直轴风力机的研究比较少，虽然在 20 世纪 80 年代一些学者和研究机构曾经对达里厄风力机进行过研究，但并未受到广泛的重视。近年来，随着国际风能界对垂直轴风力机的日益关注，又有一些学者和企业开始进行垂直轴风力机的研发工作，并取得了长足的进步。

6.1.2　垂直轴风力机的类型

垂直轴风力发电机组的特征是旋转轴与地面垂直，风轮的旋转平面与风向平行，主要分为阻力型和升力型两个主要类型。阻力型垂直轴风力发电机主要是利用空气流过叶片产生的阻力作为驱动力，而升力型则是利用空气流过叶片产生的升力作为驱动力。

1. 阻力型风力机

杯式风速计是最简单的阻力型垂直轴风力机。Lafond 风力机是受到离心式风扇和水利机械中的涡轮启发设计而成的一种阻力推进型的垂直轴风力机，它是由法国工程师 Lafond 发明的。

典型的阻力型垂直轴风力机是萨窝纽斯型（Savoniustype）风力机，选用的是 S 型风轮。它由两个半圆筒形叶片组成，两圆筒的轴线相互错开一段距离。其优点是起动转矩较大，启动性能良好，但是它的转速低，风力发电机组风能利用系数低于水平轴风力发电机组，并且在运行中围绕着风轮会产生不对称气流，从而产生侧向推力。特别是对于较大型的风力发电机组，因为受偏转与安全极限应力的限制，采用这种结构形式是比较困难的。萨窝纽斯型风力发电机组的尖速比不可能大于 1，所以它的转速低，风能利用系数也低于高速型的其他垂直轴风力发电机组，缺乏市场竞争力。

2. 升力型风力机

升力型垂直轴风力发电机组利用翼型的升力做功，最典型的是达里厄型（Darrieustype）风力机，经加拿大国家空气动力实验室和美国 Sandia 实验室大量的试验研究，结果认为与其他垂直轴风力机相比，该机的风能利用系数最高。现在有多种达里厄式风力发电机，如 Φ 型，Δ 型，Y 型和 H 型等。这些风轮可以设计成单叶片，双叶片，三叶片或者多叶片。根据叶片的形状，达里厄风力发电机组可分为直叶片和弯叶片两种，叶片的翼形剖面多为对称翼形，其中以 H 型和 Φ 型风力机组最为典型，如图 6-2 所示。弯叶片（Φ 型）的叶片形状可形容为由一根柔软的绳子按一定角速度绕两端的固定点垂直旋转时所形成的曲线，这个形状可以保证叶片在离心力的作用下内弯曲应力最小。这样主要是使叶片只承受张力，因而其所受的弯曲应力很小，但其几何形状固定不变，不便采用变桨距方法控制转速，且弯叶片制造成本比直叶片高。但它的起动力矩低，尖速比可以很高，对于给定的风轮重量和成本，有较高的功率输出。

直叶片（H）型结构相对比较简单，但这种结构将产生离心力，使得叶片会在其连接点处产生严重的弯曲应力，所以一般都采用轮毂臂和拉索支撑（见图 6-2b），以防止离心力引起过大的弯曲应力，但这些支撑会产生气动阻力，降低效率。另外，对于高度和直径相同的风轮，Φ 型转子比 H 型转子的扫掠面积要小一些。与达里厄风力机的大型商业化并网发电的主要用途相比，直线翼垂直轴风力机主要用在中小型容量离网型风能利用系统中，其大型机还处于研究开发阶段。现有的中、小型 H 型垂直轴机组不仅在风能利用效率上达到了中小型水平轴机组的水平，而且还解决了低风速起动和高风速下自动限速的问题，在世界上首次使中、小型垂直轴机组具有商业应用价值，同时由于 H 型机组低噪声的特点，比中、小型水平轴机组具有更广的应用范围，为中、小型垂直轴机组的大规模商业开发奠定了基础。

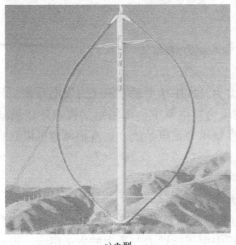

a) Φ 型

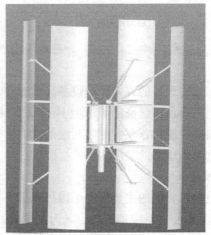
b) H 型

图 6-2 升力型垂直轴风力机

随着大家对垂直轴风力机研究的深入，对垂直轴风力机结构改进方面也在不断创新，例如 S 型风力机的两层甚至三层结构；S 型风力机与达里厄型（升阻混合）风力机的组合结构；叶轮叶片的螺旋结构等都可以提高垂直轴风力发电机的风能利用率。从另一方面来讲，升阻混合型风力机的出现也就打破了一些原有垂直轴风力机的分类标准。

6.1.3 垂直轴风力机的主要特点

1. 基本结构特征

垂直轴风力发电机组同水平轴机组一样，也主要由风力机、齿轮箱、发电机等组成，图6-3 所示为采用达里厄型风力机的机组结构简图与实际机组。垂直轴风力发电机组的发电机可采用双馈型或永磁型发电机。因此其制动、保护与控制系统基本沿袭了水平轴机组的各项基本功能，但省去了偏航控制系统和变桨距控制系统。目前，大型垂直轴风力机组仍处在研发阶段。设计中还有一些技术难点尚未得到很好的解决，如发电机、增速齿轮箱以及垂向连轴机构布置；增速齿轮箱的垂向安装需要对内部结构进行特殊设计；作为起动要求，增速齿轮箱可以实现反向传动，即减速传动；对于主塔筒支撑轴承，需要承受巨大的径向和轴向载荷，上下振动同样会产生一系列交变载荷等等。

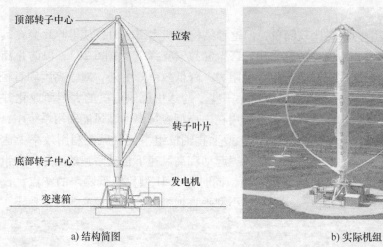

a)结构简图   b)实际机组

图 6-3   垂直轴风力发电机组

近年来，国外的许多风电设备公司都在大力开发中小型垂直轴风力发电系统。我国的十几家风电公司也相继推出了小型 H 型垂直轴风力发电系统，市场销量也在逐步增加。国内的一些科研院所也正在研究兆瓦级的大型垂直轴风力发电系统。垂直轴风力机以其独有的特色正受到越来越多的关注。

2. 优点

垂直轴风力机的主要优点可以体现以下五个方面：

1）寿命长，易维护安装。风力发电机的客户越来越需要使用寿命长、可靠性高、维修方便的产品。垂直轴风力机的叶片在旋转过程中由于惯性力与重力的方向恒定，因此疲劳寿命要长于水平轴的疲劳寿命；垂直轴风力发电机可以放在风轮下部很远甚至在地面上，便于安装与维护。

2）利于环保。应用于城镇等人口密集地区的小型风力发电设备对噪声和外观都有较高的要求。垂直轴风力发电机的低噪声和美观外形等多种优点是水平轴风力发电机难以比拟的。阻力型风轮的尖速比远小于水平轴风轮，这样的低转速产生的气动噪声很小，甚至可以达到静音的效果。

3）无需偏航对风。垂直轴风力发电机不须要迎风调节系统，可以接受 360°方位中任何方向来风，吸收任意方向来的风能量，主轴永远向设计方向转动。这样使结构设计简化，构造紧凑，活动部件少于水平轴风力机，提高了可靠性，而且也减少了风轮对风时的陀螺力。

4）叶片制造工艺简单。垂直轴式风力机可以设计成低转速多叶片构造，这将大大地降低风力机对于叶片材质的要求。不单如此，垂直轴式风力机的叶片是以简支梁或多跨连续梁的力学模型架设在风力机的转子上的，这有利于降低对于风力机材质的要求。

5）运行条件宽松。一般垂直轴风力机在 50m/s 的风速下仍可运行，满负荷运行范围要宽的多，可以更有效地利用高风速风能。同时由于垂直轴风力机的叶片可采用结构牢固的悬臂梁结构，抗台风能力要强得多。

3. 缺点

垂直轴风力机也有着明显的缺点，主要存在以下三个方面：

1）风能利用率。对垂直轴二叶轮的 S 型风力发电机，理想状态下的风能利用系数为 15%左右，而达里厄型风力发电机在理想状态下的风能利用系数也不到 40%。其他结构形式的垂直轴风力发电机的风能利用系数也较低。

2）起动风速。垂直轴风轮的起动性能差，特别对于达里厄式 Φ 型风轮，完全没有自起动能力，并且调速、限速困难，这是限制垂直轴风力发电机应用的一个重要原因。

3）增速结构。由于垂直轴风力机的尖速比较低，叶轮工作转速低于多数水平轴风力机，因此垂直轴风力发电机组如采用双馈式异步发电机，其增速箱的增速比就比较大，增速箱的结构也比水平轴风力发电机的增速器结构复杂，增加了垂直轴风力发电机的制造成本，也增加了维护和保养增速箱的成本。

6.2　垂直轴风力机基本原理

无论是水平轴风力机还是垂直轴风力机，其主要部分都是叶片。可以把叶片看成是旋转的机翼。翼型的气动性能直接与翼型外形有关。因工作原理的不同，垂直轴风力机分为了阻力型和升力型两大类。下面主要介绍阻力型和升力型风力机的工作原理及功率特性。

6.2.1　阻力型垂直轴风力机

阻力型风力机是由于风力机的叶片在迎风方向形状不对称，引起空气阻力不同，从而产生一个绕中心轴的力矩，使风轮转动。

S 型风力机（见图6-4）是阻力型风力机中的经典型式，它的工作原理与风杯形风力机类似。当风吹向叶轮时，由于叶片迎风面形状不同，有 $F_1 > F_2$，产生力矩 M，驱动风轮做逆时针方向旋转（俯视情况下）。凹下的叶片驱动风轮旋转，凸起的叶片阻碍风轮旋转，两边叶片产生的力可以用下式计算：

$$F_1 = \frac{1}{2}\rho(v-U)^2 AC_d \tag{6-1}$$

$$F_2 = \frac{1}{2}\rho(v+U)^2 AC_d \tag{6-2}$$

式中，ρ 为空气密度；v 为风速；U 是叶片线速度；A 是叶片的最大投影面积，C_d 为叶片阻力系数，这是一个与翼型形状有关的系数，凹下的叶片 C_d 值取为 1.3，凸起的叶片的 C_d 值为 0.12～0.25。

阻力型风力机没有被广泛应用的一个重要原因是其功率系数比较低，下面通过单一叶片受力模型（见图6-5）来分析其功率特性。

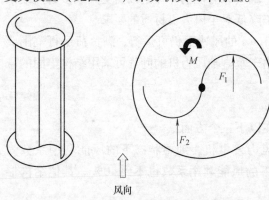 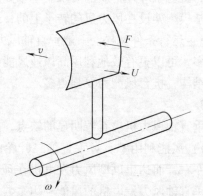

图6-4　S型风力机外形　　　　　　　图6-5　阻力型风力机受力模型

置于速度为 v 的风中的叶片，在风速 v 作用下，以速度 U 被推向后方运动，那么叶片处的相对风速可表示为 $v-U$（图中只画出凸面部分，凹面部分只是 U 的方向相反），叶片所受阻力 F_1、F_2 如式（6-1）和式（6-2）所示。风力机的功率 P 等于阻力 F 与风力机叶片受推力产生的速度 U 之积。因此 P 可以写成

$$P = (F_1 - F_2)U = \frac{1}{2}\rho AC_d(v-U)^2 U - \frac{1}{2}\rho AC_d'(v+U)^2 U \tag{6-3}$$

由于 $C_d \gg C_d'$，为了讨论方便省去上式中的后一项，不影响最终结论。根据风轮动量定理及风能利用效率定义，引入风速减少率 $\alpha = \dfrac{v-U}{v}$ 可得

$$C_P = C_d\alpha^2(1-\alpha) \tag{6-4}$$

对其进行求导，当 $dC_P/d\alpha = C_d\alpha(2-3\alpha) = 0$，可求出功率系数最大值。解得：$\alpha = 0$ 或 $\alpha = 2/3$。但是，$\alpha = 0$ 说明在叶片处风速没有降低，叶片速度与风速相同，表明风没有作功。因此，此处应取 $\alpha = 2/3$。于是可得最大风能利用系数

$$C_{P\max} = \frac{4}{27}C_d \tag{6-5}$$

若 $C_d = 1.3$，则它可能达到的最大功率系数为 $C_{P\max} = 5.2/27 = 0.193$，比一般水平轴风力机叶片的功率系数相比，明显偏低。

阻力型风力机叶片所受阻力实际上是不断变化的，它不是总处于最佳值。旋转中叶片平

面相对于风速有个与旋转角度有关的投影面, 角度为 0° ~ 90° 时, 投影面积由 0 增加到叶片面积 A, 作功也由 0 增加到最大; 其后, 作功阻力下降, 至 180° 时阻力降为 0; 180° ~ 360°, 旋转中的平板要克服风的压力作负功了。

6.2.2　升力型垂直轴风力机

1. 工作原理

应用于风力发电的升力型垂直轴风力机主要是前面介绍的法国的科学家达里厄发明的达里厄式风轮。风轮由固定的数枚叶片组成, 绕垂直轴旋转, 它的工作原理如图 6-6 所示。

在风轮横截面上来流风速 v 是恒定的, 风轮运转中该横截面各翼型的切向速度 v_t 的大小相等, 而方向不同, 它们与相对速度 $W(W = U + V)$ 一起构成了各翼型的速度三角形。W 与叶片弦线的夹角是有效攻角。对叶片在不同方位的速度三角形的研究表明, 除了当叶片处于与风向平行或近似平行的位置外, 在其他方位的气动力都产生一个驱动风轮旋转的力矩。当风轮静止时, 相当于 $U = 0$, 这时相对风速 W 与来流风速 V 一致, 叶片的攻角很大, 甚至大于失速攻角, 使得风力机的起动转矩非常低。因此, 传统的垂直轴风力机启动性能比较差, 不易自起动。

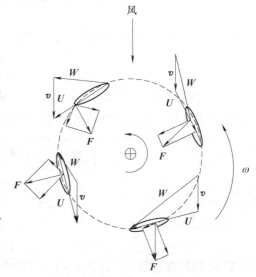

图 6-6　升力型风力机工作原理

由于风速矢量和切向速度矢量已知, 就可确定相对速度矢量以及叶片翼型所受的空气动力。在某一横截面上各叶片翼型所受切向力与其半径乘积的叠加, 即为该横截面叶片翼型对风轮驱动力矩的贡献, 将每一断面产生的力矩沿风轮高度积分, 就可得到整个风轮的推动力矩。

由升力型垂直轴风力机的工作原理可知, 叶片在旋转一周的过程中, 攻角是个变化值, 而攻角的变化范围与翼型的升力、阻力系数曲线有很大的关系。根据叶片翼型的气动特性可知, 当攻角的变化超过失速点后, 翼型的升力系数下降, 阻力系数迅速增加, 将会影响到垂直轴风力的气动性能, 甚至产生反力矩。因此, 整个风轮的总力矩与转动的位置有关, 下面基于叶素理论分析风力机的功率特性。

2. 基于叶素理论的功率特性

图 6-7 表示的是垂直轴风力机的一个叶片的叶素在某一位置时的气动力分析, i 是攻角, θ 是方位角, β 是桨距角, 并规定 β 以减小攻角 i 的方向为正。令 $I = i + \beta$, 并设叶片的弦长为 l, 作用在叶片上的气动压力为 F。

气动力作用在翼弦垂直方向的分量 $\mathrm{d}N$ 以及与翼弦

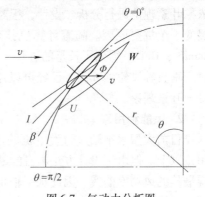

图 6-7　气动力分析图

平行方向的分量 dT 为：

$$\begin{cases} dN = \dfrac{1}{2}(C_1\cos I + C_d\sin I)\rho lW^2 dz \\ dT = \dfrac{1}{2}(C_1\sin I - C_d\cos I)\rho lW^2 dz \end{cases} \tag{6-6}$$

沿风速方向作用于风轮的流向力 dF

$$dF = dN\sin\theta - dT\cos\theta = \frac{1}{2}\rho lW^2(C_n\sin\theta - C_t\cos\theta)dz \tag{6-7}$$

式中，C_n 和 C_t 分别为垂直和平行于翼弦方向的利兰热尔气动系数。作用在叶素上的空气动力的转矩

$$dM = rdT \tag{6-8}$$

由于作用在单个叶片微段上的力 dF、dM 随风轮的转动是变化的，设风轮叶片弦长 C 和叶片数 B 为常数，通过对叶素积分可得作用在风轮上的推力 F 以及转矩 M 为

$$F = \frac{Bl}{2\pi}\int_{-H}^{+H}\int_{0}^{2\pi}\frac{1}{2}\rho lW^2(C_n\sin\theta - C_t\cos\theta)d\theta dz \tag{6-9}$$

$$M = \frac{Bl}{2\pi}\int_{-H}^{+H}\int_{0}^{2\pi}\frac{1}{2}C_t\rho lW^2 rd\theta dz \tag{6-10}$$

风力机的功率

$$P = M\omega \tag{6-11}$$

由 C_t 的特性可知，叶片在 0°时，气动力所产生的扭矩主要为正转矩，在 180°时，会出现负转矩，而且风力机的正转矩主要由处于 0~180°位置的叶片提供。

6.3 水平轴与垂直轴风力机的对比

下面通过从设计方法、风能利用率等几个方面和水平轴风力机进行对比，更进一步的认识垂直轴风力机。

1. 设计方法

垂直轴风力发电机的叶片设计，以前也是按照水平轴的设计方法，依靠动量-叶素理论来设计。由于垂直轴风轮的流动比水平轴更加复杂，是典型的大分离非定常流动，如果仅仅依靠叶素理论进行分析、设计，很难得出准确结果，这也是垂直轴风力发电机长期得不到发展的一个重要原因。随着计算机技术的不断发展，计算流体力学（Computational Fluid Dynamics，CFD）得到了长足的进步。目前的 CFD 技术完全能模拟在复杂外形下的复杂流动。对于垂直轴风轮的叶片，已经可以用 CFD 方法来设计。水平轴叶片的设计目前主要采用动量—叶素理论。

2. 风能利用率

目前大型水平轴风力发电机的风能利用率，绝大部分是由叶片设计计算所得，一般在 40%以上。但由于设计方法本身的缺陷、机组测得风速小于来流风速等原因，运行中很难实现最佳的风功率曲线。因此水平轴机组实际的风能利用率往往达不到设计值。另外，在实际环境中风向是经常变化的，水平轴风轮的迎风面不可能始终对着风，这就引起了"对风损

失"，而垂直轴风轮则不存在这个问题。因此，在考虑了对风损失之后，垂直轴风轮的风能利用率完全有可能接近水平轴风轮。

3. 起动风速

水平轴风轮的起动性能好已经是个共识，起动风速一般在 3 ~ 5m/s 之间。垂直轴风轮的起动性能差也是目前业内的共识，但对于达里厄式 H 型风轮，只要翼型和安装角选择合适，完全能得到相当不错的起动性能。

4. 叶尖速比

水平轴风轮的叶尖速比一般在 5 ~ 10，在这样的高速下叶片切割气流将产生很大的气动噪声。同时，很多鸟类在这样的高速叶片下很难幸免。垂直轴风轮的叶尖速比一般在 1.5 ~ 2，这样的低转速产生的气动噪声很小。低叶尖速比带来的好处不仅仅是环保的优势，对于机组的整体性能也是非常有利的。从空气动力学上分析，物体速度越快，其外形对流场的影响越大。当风力发电机在户外运行时，叶片上不可避免地受到污染，这种污染实际上改变了叶片的外形。对于水平轴风轮来讲，即使这种外形变化很微小，也在很大程度上降低了风轮的风能利用率，而垂直轴风轮因为转速低，所以对外形的改变没那么敏感，这种叶片的污染基本上对风轮的气动性能没有影响。

从比较中可以看出，相对于传统的水平轴风力发电机，垂直轴风力发电机具有设计方法先进、低噪声等众多优点，而且垂直轴风力发电机组的发电机、传动机构和控制机构等装置在地面或低空，便于维护；不需要迎风装置，简化了结构。

思　考　题

1. 什么是阻力型机组？什么是升力型机组？
2. 垂直轴风力机的主要特点是什么？

第7章　离网风力发电系统

目前，大型风力发电机组一般应用于风力发电场与电网连接为用户供电。不连接电网运行的风力发电机组称为离网型风力发电机组。由于机组不通过连接电网而直接向用户供电，故其运行特性要求只取决于用户，而不必受电网的严格要求。为保证独立运行的风力发电机组能连续可靠供电，解决风力发电受风能的自然变化影响而不能稳定供电的问题，离网风力发电机组通常需要与蓄能装置或其他电源联合运用，例如与蓄电池组成系统、与柴油发电机联合运行、与太阳能电池联合供电等。

离网运行的风力发电机组多为中、小型机组。小型机组的发电机多为低速永磁发电机，风轮直接与发电机轴连接，省去了升速的机构。简单的离网风力发电系统如图7-1所示。

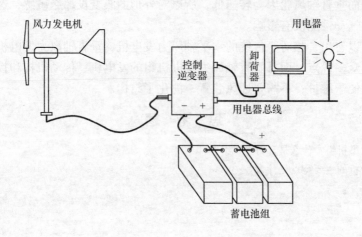

图 7-1　离网型风力发电系统示意图

7.1　离网风力发电机组的应用

风力发电机组离网为用户供电通常有向大用户直接供电，或向农户、村落、农牧场供电等多种情况，不同情况下对风电机组的要求有所不同。

7.1.1　向大用户直接供电

在风资源较丰富的地区，如果企业生产过程对电压、电流的稳定性要求不高，则可以考虑使用大、中型离网风力发电机组（风电场）直接供电方式，如果生产过程用电不允许间断，则需电网或者其他供电手段给予补充，维持最低用电需要。这样，既可以节省输电线路，变电站等建设费用，又使当地风能得到利用。同时，由于不连接电网，对风力发电机组运行的控制要求相对简单，可以选用较便宜的机组类型。

7.1.2　向农户、村落、农牧场供电

我国幅员辽阔，许多农牧民户、村落、牧场距电网较远，而用电负荷小，风能资源又较丰富。为使广大农牧民用上电，20 世纪 70 年代，国家设专款研制 50W 至 3kW 微小型风力发电机组。到了 80 年代，在国家"七五"科技攻关计划中，继续对 100W、200W、300W 的微型发电机组进行完善，并结合引进国外技术开始研制 1kW 至 55kW 风力发电机组。80 年代中期，内蒙古自治区用民办公助的形式推广微小型风力发电机组的应用。90 年代后，由于国家补贴减少，材料和蓄电池涨价及一些生产厂生产的机组质量不过关，销售量减少。到 1998 年以后，微小型风力发电机组的产量有了大幅增长，还出口到印度、瑞典等 20 多个国家和地区。

目前，我国微小型风力发电机组按额定功率分约有 20 种，如：100W、150W、200W、300W、400W、500W、1kW、1.5kW、2kW、3kW、5kW、10kW、20kW、30kW、50kW 和 100kW 等。型式为 2~3 叶片、水平轴、上风向，多数为定桨距机组，叶片材料多样，发电机多为永磁低速发电机，设计寿命 15 年。风能利用系数大约在 0.4 左右，发电机组的效率在 0.8 左右。表 7-1 给出了几种型号机组的技术参数。

表 7-1　部分小型风力发电机组参数

产品型号	发电机转速 /(r/min)	风轮直径 /m	叶片数	风轮中心高/m	启动风速 /(m/s)	额定风速 /(m/s)	停机风速 /(m/s)	额定功率 /W	额定电压 /V	配套发电机	重量 /kg
FD2—100	400	2	2	5	3	6	18	100	28	铁氧体永磁交流发电机	80
FD24—150	450	2	2	6	3	7	40	150	28		100
FD2.1—200	450	2.1	3	6	3	25		200	28		150
FD2.5—300	440	2.5	3	7	3	8	25	300	42		175
FD3—500		3	3	7	3	25		500	42	钕铁硼永磁交流发电机	185
FD4—1k		4	3	9	3	8	25	1000	56		285
FD5.4—2k		5.4	3	9	4	8	25	2000	110		1500
FD6.6—3k		6.6	3	10	4	8	20	3000	110	电刷爪级	1500
FD7—5k		7	2	12	4	9	40	5000	220	电容励磁异步发电机	2500
FD7—10k	1450	7	2	12	4	11.5	60	10000	220		3000

可应用小型风力发电机的地区有农村、牧区和边远地区的边防连队、哨所、海岛驻军以及内陆湖泊渔民、地处野外高山的微波站、航标灯、电视差转台站、气象站、森林中的瞭望烽火台、石油天然气输油管道、近海滩涂养殖业及沿海岛屿等。这些地方绝大部分处在风力资源丰富地区，目前多使用柴油或汽油发电机组供电，成本高。通过采用风力发电机/柴（汽）油联合发电系统或风力发电机/光电池互补系统供电，既能保证全天 24 小时供电，又节约燃料和资金，同时还减少了对环境的污染，经济效益和社会效益十分显著。近年来，我国小型风力发电机组的生产和推广应用得到了快速的发展。2000 年小型风力机年产量为 1万多台；2004 年突破 2 万台；2005 年突破 3 万台；2006 和 2007 年更是超过了 5 万台，而在

2008 年小型机组产量则达到了 78411 台，其中出口 39387 台，出口到包括亚洲、欧洲、北美、澳洲及大洋洲等 46 个国家和地区。2010 年我国小型风电机组销售量超过 10 万台，我国在小型风力发电机组的保有量、年产量和生产能力均列世界之首。

微小型风力发电机组中的发电机有直流发电机，也有交流发电机。

1. 直流发电机系统

图 7-2 为一个由风力机驱动的小型直流发电机经蓄电池蓄能装置向电阻性负载供电的电路图。图中 L 代表电阻性负载（如电灯等），K 为逆流继电器控制的触点。当风力减小时，风力机转速降低，使直流发电机电压低于蓄电池组电压。此时发电机不能对蓄电池充电，而蓄电池却要向发电机反向送电。为了防止这种情况出现，在发电机电枢电路与蓄电池组之间装有由逆流继电器控制的触点。当直流发电机电压低于蓄电池组电压时，逆流继电器动作，断开触点 K，使蓄电池不向发电机反向供电，而仅由蓄电池向负载供电。

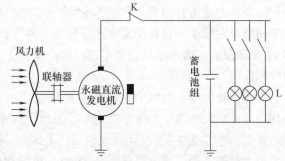

图 7-2　独立运行的直流风力发电系统

以蓄电池组作为蓄能装置的独立运行风力发电系统中，蓄电池组容量的选择至关重要，因为这是保证在无风期能对负载持续供电的关键因素。一般说来，蓄电池容量的选择与选定的风力发电机的额定值（容量、电压等）、日负载（用电量）状况以及该风力发电机安装地区的风况（无风期持续时间）等有关。同时，还应按 10h 放电率电流值（蓄电池的最佳充放电流值）的规定来核算蓄电池组的选用容量，以延长蓄电池的使用寿命。

2. 交流发电机系统

交流发电机系统可以分别向直流负载和交流负载供电。图 7-3 为一个由交流风力发电机组经整流器组整流后向蓄电池充电及向直流负载供电的系统。如果在蓄电池的正、负极端接上逆变器，则可向交流负载供电，如图 7-4 所示。

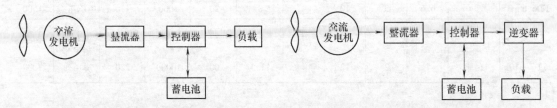

图 7-3　交流发电机向直流负载供电　　　　图 7-4　交流发电机向交流负载供电

图 7-4 中的负载可为单相也可为三相，可分别采用单相逆变器或三相逆变器。逆变器输出的交流电的波形按负载的要求可以是正弦波或方波。

7.2　微、小型风力发电机组结构

风力发电机组通常由风轮、对风装置、调速装置、发电机、塔架、制动机构等组成。其传动装置简单，不用增速齿轮箱，风轮与发电机直接用联轴器联接。图 7-5 是小型风力发电机组结构示意图。

7.2.1　叶片与风轮

空气动力学的蓬勃发展和飞机的发明使人们对叶片的气动设计更为重视，它决定了整个风力机从风中提取能量的多少及其转化效率。现代风力机大多采用水平轴，叶片多采用轻型玻璃钢纤维强化新材料。目前我国小型风力发电机的叶片绝大多数是实心玻璃钢，极少数是木质蒙皮结构和木材外粘环氧玻璃布。叶片横截面形状有三种：平板型、弧板型和流线型。用于发电的风力机叶片横截面的形状接近于流线型，而用于提水等风力机的叶片多采用弧板型，也有采用平板型的。由于叶片是风力机接受风能的部件，所以叶片的扭曲、翼型的各种参数及叶片结构都直接影响叶片接受风能的效率和叶片的寿命。

风力发电机组风轮一般由 2、3 或 5 个叶片与轮毂及风轮轴等组成，如图 7-6 所示。

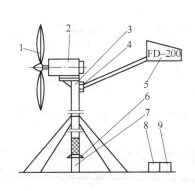

图 7-5　小型风力发电机示意图
1—风轮　2—发电机　3—回转体　4—调速
机构　5—调向机构　6—手制动机构
7—塔架　8—逆变器　9—蓄电池

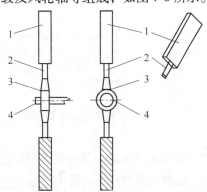

图 7-6　风轮的基本结构
1—叶片　2—叶柄
3—轮毂　4—风轮轴

7.2.2　调速装置

微小型风力发电机组几乎不用变桨距调速方式，通常利用改变风轮迎风面积的方法。

1. 侧翼装置

如图 7-7 所示，在风轮后面固定于机头座向一侧伸出一支侧翼，翼柄平行地面和风轮旋转面，机舱座另一侧配有弹簧。风通过对侧翼的压力而产生对机舱旋转轴的力矩，当风速大于设定值（额定风速）时，该力矩大于弹簧拉力的力矩，机舱偏转，风轮由图 7-7a 所示位置到图 7-7b 所示位置，风轮的迎风面积减小，限制风轮转速的增加。风速再增大，风轮可能偏转到图 7-7c 所示的位置，迎风面积就更小了。当风速逐渐减少时，在弹簧的拉力作用下，风轮又恢复到图 7-7b、a 的位置。

2. 偏心装置

如图 7-8 所示，风轮轴线与机舱座回转体的转向轴的轴线有一定的偏心距，机舱座另一侧也设有弹簧。当风速超过额定风速后，风作用在风轮上的正面压力的合力对转向轴的力矩克服弹簧的拉力，风轮偏转到图 7-8b 的位置，迎风面积减小；风再大，风轮偏转到图 7-8c 的位置。风速减小时，又依次恢复到图 7-8b，图 7-8a 位置。

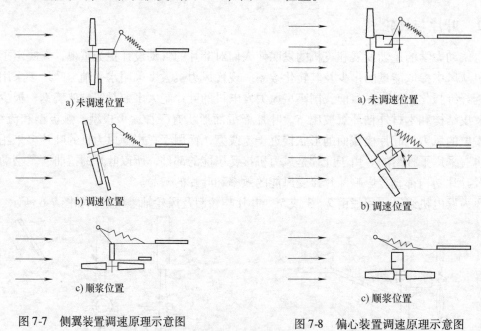

图 7-7　侧翼装置调速原理示意图　　　　图 7-8　偏心装置调速原理示意图

图 7-8 所示是风轮向侧向偏转的情况，按同一原理，也可设计成向上偏转式的，如图 7-9 所示。这种方式的调速装置由于结构简单，易于制造，且成本低，故常用于微小型风力发电机组。

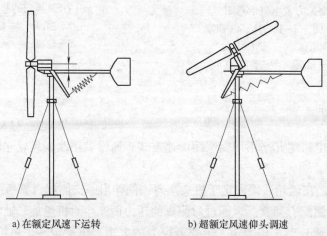

图 7-9　仰头调速原理示意图

7.2.3　调向装置

为了最大限度从风中获取能量，风轮旋转面应垂直于风向，在小型风力机中，这一功能靠风力机的尾舵作为调向机构来实现。下风向调向目前应用较少，伺服电动机及液压驱动调向一般应用于大中型风力发电机组，微小型风力发电机组常用尾舵调向。

尾舵也称尾翼，是常见的一种对风装置，有三种基本形式：老式尾翼、改进型尾翼、新式尾翼，如图 7-10 所示。它的翼展与弦长的比为 2 ~ 5，对风向变化灵敏，跟踪性好。

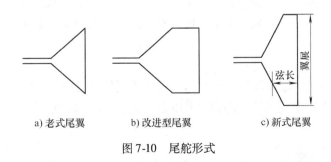

a) 老式尾翼　　　　b) 改进型尾翼　　　　c) 新式尾翼

图 7-10　尾舵形式

尾舵到风轮的距离，一般取为风轮直径的 0.8 ~ 1.0 倍。高速风力发电机的尾舵面积可取风轮旋转面积的 4% 左右；低速风力发电机的尾舵面积可取风轮旋转面积的 10% 左右。

7.2.4　发电机

叶片接受的风能最终传给发电机，发电机是将风能最终转变为电能的设备。常用的发电机有：

1. 直流发电机

直流发电机的工作原理是把转子线圈中感应产生的交变电动势，靠换向器配合电刷的换向作用，使之从电刷端引出时变为直流电动势，定子采用直流励磁或用永久磁铁，输出电压有直流 12V、24V、36V 等。

2. 异步交流发电机

异步交流发电机的电枢磁场与主磁场不同步旋转，其转速比同步转速略高。尽管可能出现功率摇摆现象，但无同步发电机类似的振荡和失步问题，并网操作简便，并网时转速应提高。

交流发电机与直流发电机相比具有体积小、重量轻、结构简单、低速发电性能好、对周围的无线电设备干扰少等优点，因此在独立运行的小容量发电系统中，较多地采用永磁或自励交流发电机。

永磁发电机具有以下显著特点：

1）体积小，重量轻。

2）效率高，节能效果显著；由于永磁体能产生恒定不变的磁场，这样就省去了励磁耗能，其效率能提高 10 ~ 15%。

3）电压波形质量好，适用于各种负载情况。

4）电机过载能力强，适合于在恶劣环境下工作。电机的损耗小、温升低、过载能力强，更适合于在各种恶劣环境下工作。

5）永磁交流发电机无电刷，结构简单、可靠性高、使用寿命长。

6）电磁干扰小，电磁兼容性好。电机的电磁噪声极小，对通信设备和电子仪器的干扰非常微小，其影响几乎可忽略不计。

7.2.5   塔架

塔架用于支撑发电机和调向机构等。因风速随离地面的高度增加而增加，塔架越高，风轮单位面积捕捉的风能越多，但造价、安装费等也随之加大。一般由塔管和 3～4 根拉索组成，高度 6～9m，中小型风力机的塔架一般由独立塔杆或三段塔筒组成。

7.2.6   蓄电池

与小型风力发电机组联合应用的蓄电池目前多采用铅酸蓄电池，近年来国内有些厂家也在开发适用于风能太阳能应用的专用铅酸蓄电池。关于蓄电池的原理、结构等将在储能装置一节中介绍。

7.2.7   控制器和逆变器

控制器的功能是控制和显示风力机对蓄电池的充电过程，使其不至于过充和过放，以保证正常使用和整个系统的可靠工作。逆变器是利用电力电子器件把直流电（12V、24V、36V、48V）变成 220V 交流电的装置。

7.3   互补发电系统

由于风速的随机性，要相对稳定供电，仅靠风力发电机组是不行的，通常与其他发电方式互补组成系统或与储能装置联合应用。

7.3.1   风-光互补发电系统

1. 风光互补发电系统的特点

风力发电和光伏发电都很难保证长时间稳定，甚至是不连续的。为改善供电的稳定性，可以利用白天光照强，而风往往较小，夜间或阴天光弱，但风往往较大的特点，把风力发电和光伏发电结合起来，组成互补系统来供电。风力与太阳能互补发电系统的主要特点是：

1) 弥补独立风力发电和太阳能光伏发电系统的不足，提供更加稳定的电能。
2) 充分利用空间，实现地面和高空的合理利用。
3) 共用一套送变电设备，降低工程造价。
4) 同用一套经营管理人员，提高工作效率，降低运行成本。

将风力发电与太阳能发电技术加以综合利用，从而构成一种互补的新型能源，将是本世纪能源结构中一个新的增长点。

风能与太阳能随季节、时间、天气等条件的变化差异很大。为保证供电质量，在单独发电或互补（联合）发电系统中都必须配备储能环节。构成储能环节的方法有多种，如机械、化学、热储能等，但应用最为广泛的则是利用铅酸蓄电池的化学储能。也就是说风-光互补发电系统至少由风力发电机、太阳能电池、蓄电池和用电负载四部分组成。最简单的风-光互补发电系统如图 7-11 所示。

风-光互补发电系统的不足：

1) 与单一系统相比，系统设计较复杂，对控制要求较高。

2）由于是两类系统的合成，维护的难度和工作量较高。

3）太阳能和风能在时间上的互补特性随地区不同差异大，有时难以保证完全的连续稳定供电。

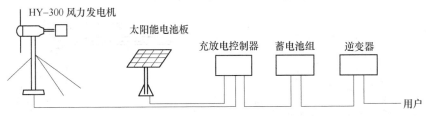

图 7-11　风-光互补发电系统

2. 太阳能电池组件

太阳能电池是光伏发电的基础单元，其工作原理是基于半导体材料的光生伏特效应。常用的太阳能电池材料主要有单晶硅、多晶硅、非晶硅、金属化合物等。

一个单体太阳能电池的工作电压和可输出的电流都很小，例如一个单体硅太阳能电池的工作电压在 $0.4 \sim 0.5V$，输出电流约 $20 \sim 25mA/cm^2$，电池面积目前技术水平为 $4 \sim 100cm^2$。因此，实际使用中将多个单体电池串、并联，经过封装后组成可单独使用的最小单元，这个能独立使用的最小单元称为太阳能电池组件。根据实际使用需要将组件串、并联而成为供电电源。

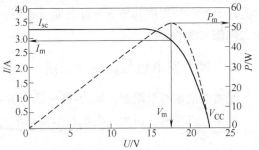

图 7-12　太阳能电池的 V-I 特性

太阳能电池的输出电压和电流之间的关系称为太阳能电池的伏-安特性（U-I 特性），在一个确定的日照强度和温度下，太阳能电池的伏-安特性如图 7-12 所示。

太阳能电池的 V-I 特性曲线表明，太阳能电池既非恒压源，也非恒流源，而是一个非线性直流电源，其输出电流在起始的一段工作电压范围内基本保持恒定，但工作电压升高到一定值后，输出电流迅速下降。根据特性曲线可以定义出太阳能电池的几个重要技术参数：

1）短路电流 I_{sc}：在给定温度、日照条件下所能输出的最大电流。

2）开路电压 V_{oc}：在给定温度、日照条件下所能输出的最大电压。

3）最大功率点电流 I_m：在给定温度、日照条件下最大功率点上的电流。

4）最大功率点电压 V_m：在给定温度、日照条件下最大功率点上的电压。

5）最大功率点功率 P_m：在给定温度、日照下所能输出的最大功率，有：$P_m = I_m V_m$。

日照强度及温度对太阳能电池特性有明显的影响。改变日照强度而保持其他条件不变，得到一组不同日照强度下的 I-V 和 P-V 特性曲线，如图 7-13 和图 7-14 所示。由图 7-13 可见，短路电流线性地与日照强度成正比，而开路电压受日照变化的影响较

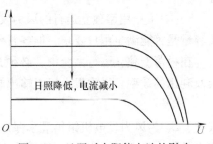

图 7-13　日照对太阳能电池的影响

小。

由图7-15可见，当电池温度发生变化时，开路电压线性地随电池温度变化，而短路电流略微变化。这里的温度是太阳能电池温度，而不是环境温度。

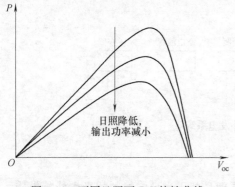

图7-14 不同日照下 P-V 特性曲线

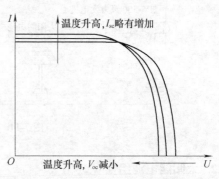

图7-15 温度对太阳能电池的影响

由太阳能电池特性可以看出，在使用太阳能电池供电时，为保证供电相对稳定，一方面常需要与蓄电装置或其他供电设备联合运行，另一方面，最好配有日光的跟踪装置并适当选取太阳能电池的容量。

7.3.2 风力发电机与蓄电池系统

受蓄电池组容量限制，风力-蓄电池互补系统目前主要应用于负载较轻的场合，如农户和小村落。有风时，风力发电机组给蓄电池充电，并同时供负载使用。无风时，由蓄电池供电。

1. 风力发电机组容量的选择与计算

在独立运行的风力发电系统中，风力发电机组容量的选择与当地负荷、风能资源、用户要求及投资等诸多因素有关。风力发电机组的容量计算和最终选定必须充分考虑这些外部因素。下面介绍常用的根据用户耗电量选择风力发电机组容量的方法。

一般说来，户用型独立风力发电系统需满足用户基本的生活用电和小型生产用电。而对村落型来说，用户可能要提出风力发电在系统中的供电比例。机组容量的选择一般遵循以下原则：

1）设计者应首先根据用户一年总耗电量来选择风力发电机组的安装容量。

2）对初选风力发电机组安装容量，应通过一年的风电日盈亏变化曲线来验证其合理性。

3）对于户用型独立运行的风力发电系统，可采用风电月均衡法来验证风力发电机组安装容量是否能满足用户要求，但各月份风电富裕度应基本保持在10%以上。

在村落型独立运行系统中，必须充分考虑从风力发电机组输出端到用户端电能传输、变换及利用的效率。风力发电机组输出端提供的最小保证电量 E_W 可参式（7-1）计算。

$$E_W = E_0 K_D / \eta \qquad (7-1)$$

式中，E_W 为风力发电机组年最小保证发电量，kWh；E_0 为负荷年耗电量，kWh；K_D 为用户提出的风电供电百分比；η 为风能传输、变换及有效利用的综合效率，在 $0.6 \sim 0.9$ 之间。

在初选风力发电机组容量时，通常应假设一个设备年利用系数 K_q，对于 100kW 级的风力发电机组来说，K_q 值随当地风况在 0.21 ~ 0.30 之间变化。

2. 蓄电池组容量选择与计算

由于风速的随机性，造成了机组发电量与耗电量之间的不平衡，为了尽可能多地利用短时剩余的风电以补充有时风电的不足，通常在系统中设置蓄能装置，起到稳定供电的作用。

在独立运行的风力发电系统中有多种蓄能方法。用蓄电池组作为风电的蓄能环节和用户的补充电源，在当今技术条件下是一种较为经济、适用的方式。

蓄电池容量选择主要有以下四种方法：年能量平衡法、年最长连续无效风时或年平均无效风时能量平衡法、风电盈亏平衡法和基本负荷用电保障小时法。

（1）年能量平衡法　　所谓年能量平衡是通过分析风力发电机组一年中的发电量与负荷耗电量之间的电能平衡关系来确定蓄电池容量。

在选择风力发电机组容量时，规定了机组全年发电量必须大于负荷用电量。系统中的蓄电池容量应尽可能多地利用这部分剩余电力。因此，风力发电机组、蓄电池（组）和负荷三者实际上是在发电量、蓄能和用户耗电量之间寻求一种平衡。蓄电池（组）的功能是把存储的电能在风电短缺时提供给负荷。

蓄电池容量计算方法如下：

$$C = \frac{\Delta E}{U} \tag{7-2}$$

式中　C 为蓄电池容量（Ah）；ΔE 为系统最多连续亏电量（W·h）；U 为蓄电池输出电压（V）。

（2）无效风时能量平衡法　　无效风时是指当地风速小于风力发电机组发电运行风速的时间。在无效风速时间，机组不发电，负荷只能依靠蓄能装置提供电能。一旦风力发电机组运行风速确定，当地的无效风小时数便可统计出来。采用无效风速小时数来选择和计算蓄电池容量有连续最长无效风速小时计算法和平均连续无效风速小时计算法两种。

1）连续最长无效风速小时计算法

在一年的风速小时变化曲线中，可以统计出不同时段的无效风速小时，所需蓄电池容量为

$$C = \frac{ED}{U\eta_b} \tag{7-3}$$

式中，E 为用户日耗电量（W·h）；D 为最长连续无效风速天数；U 为用电器电压（V）；η_b 为蓄电池效率。

2）平均连续无效风速小时计算法

在统计的无效风速小时数中，将 1h 的无效风速小时数除去，然后以求出的年平均无效小时数作为计算天数 D，再根据式（7-3）计算。

（3）风电盈亏平衡法　　如果系统不设置蓄能装置，风电与负荷之间经常会处于风电过剩或短缺的不平衡状况。根据当地风况和机组容量，可以得到全年各小时风电发电量曲线。用户全年各小时用电量也可根据负荷情况得到。这样可以得到风电小时盈亏情况，以小时平均缺电量来计算蓄电池容量，计算公式为

$$C = \frac{\Delta E}{K_C U} \tag{7-4}$$

式中，ΔE 为小时平均缺电量（$kW \cdot h$）；U 为蓄电池平均放电端电压（V）；K_C 为蓄电池放电率。

（4）基本负荷用电保障小时法　由于蓄电池投资大，运行费用高，独立风力发电系统有时采用保障基本负荷连续供电计算方法。

根据保障基本负荷的需要，在采用无效风时能量平衡法时，其用户负荷取基本负荷（必须要保障的负荷）的日负荷，供电时间取最长无效风连续时间。

上面讲的蓄电池容量配置的四种方法各有长短：采用年能量平衡法计算简单，但在低风月份，蓄电池经常处于不饱和充电状态，影响其寿命。无效风时能量平衡计算法需要提供风速的月变化曲线，对于户用型独立风力发电系统用户来说很困难，通常只能通过一些年平均风速相似的典型风速分布曲线来获取。用这种方法计算得出的蓄电池容量基本满足用户要求，但也会在某些时间存在蓄电池深度放电后充电不足的问题。风电盈亏平衡计算法主要适用于村落型独立风力发电系统，这些地方往往在设备安装之前进行了当地风力资源测量，可以作出比较完整的风速小时变化曲线。基本负荷连续供电保障小时计算法是一种简单的计算方法，适用于户用型，也适用于村落型。关键是设计者必须根据当地风况，通过和用户协调，提出合理的基本负荷连续供电保障小时。提出的指标过高，将使投资加大，也会使蓄电池充电不足；相反，会因蓄能容量过低而使用户停电时间频繁、停电时间增长。

7.3.3　风力-柴油互补发电系统

采用风力-柴油联合发电系统的目的是向电网覆盖不到的地区（如海岛、牧区）提供稳定的不间断的电能，减少柴油的消耗，改善环境污染状况。

风力-柴油联合发电系统的基本结构框图如图 7-16 所示。但由于不同地区风力资源状况不尽相同，系统所带负荷差别较大，因此风力-柴油联合发电系统的结构组成形式有以下几种。

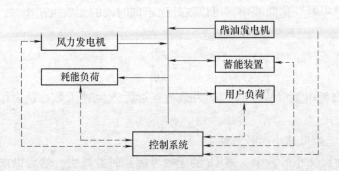

图 7-16　风力-柴油联合发电系统基本结构组成框图

（1）风力-柴油机并联运行系统　图 7-17 所示为风力-柴油机并联运行系统的结构。在这个系统中，柴油发电机组始终在运行，以供给风力异步发电机所需要的无功功率。为保证风力发电机并入时对"网"的冲击较小，一般柴油发电机组的额定功率与异步风力发电机的额定功率之比应大于或等于 2:1。

图中的耗能负荷（Dump Load）是指用于消耗多余电能，保证柴油机运行在 25% 额定功率以上时才投入的负载。

（2）风力-柴油发电交替运行系统　风力-柴油发电交替运行系统的结构如图 7-18 所示。这种系统通过开关设置，由风力发电机和柴油发电机交替给用户供电，由于风力的随机波动，故用户要分成不同的优先级保证供电。这种系统虽可减少柴油机的运行时间，但在切换过程中会造成短时停电，频繁切换、起停对用户的电器及柴油机都会造成不良影响。

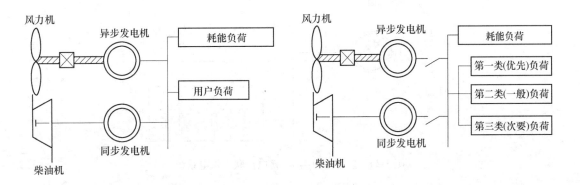

图 7-17　风力-柴油发电并联运行系统　　　　图 7-18　风力-柴油发电交替运行系统

（3）风力机-柴油机-蓄电池联合系统　这种系统的结构如图 7-19 所示，在系统中引入蓄电池和双向逆变器。这种系统当风力变化时能自动转换，实现不同的运行模式，例如，当风力较强时，来自风力及柴油发电机的电能除了向用户负荷供电外，多余的电能经双向逆变器可向蓄电池充电；反之，当短时内负荷所需电能超过了风力及柴油机所提供的电能时，则由蓄电池经双向逆变器向负荷提供所欠的电能。

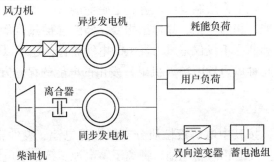

图 7-19　风力机-柴油机-蓄电池联合发电系统

这种系统的优点是由于蓄电池短时投入运行，可弥补风电的不足，柴油机起停次数减少。缺点是投资较高，发电成本及电价皆比常规柴油发电高。

（4）多台风力发电机-柴油发电机-蓄电池联合发电系统　采用多台风力发电机组，可以减小功率起伏的影响，同时，系统内蓄电池的容量也可以减小。这种系统的结构如图 7-20 所示。

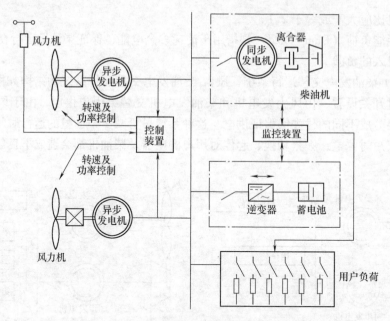

图 7-20   多台风力-柴油-蓄电池联合供电系统

7.4   储能装置

储能就是把能量转化为自然条件下能稳定存在的形态存储起来，是人们为充分利用好能源的一种手段。储能本身并不能节约能源，甚至还会由于转化的效率而消耗一部分能源，但它能起到调剂余缺，提高能量利用系统整体效率，满足人们使用需求的作用。

储能可以有许多方法，如：机械储能——飞轮储能、抽水储能、压缩空气蓄能等；化学储能——蓄电池储能、电化学方法制氢储能等；电磁储能——超导储能等；相变储能——利用物质相变过程中的潜能、相的变化、晶体结构变化储能（储热）等。

当然，风能的利用和储存不仅仅是风力发电的电能储存，还可以利用风力制热，推动机械做功。下面，仅介绍几种风力发电场（机组）发出的电能的存储方法和装置。

7.4.1   蓄电池

蓄电池的种类很多，按其中电解液性质分有酸性蓄电池、碱性蓄电池。从电极材料上看，目前可充电蓄电池主要有铅酸蓄电池、锂离子蓄电池、镍镉蓄电池以及锂聚合物、镍金属氢化物蓄电池等。蓄电池充放电总体转换效率在 $70\% \sim 80\%$。蓄电池通常可等效为一个恒压源与内阻串联，如图 7-21 所示。其内阻随放电安时数增加而增大，并与蓄电池容量运行温度及剩余容量有关。目前，较大规模应用的是酸性蓄电池，而其中又以铅酸蓄电池应用最多。

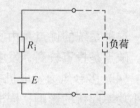

图 7-21   蓄电池等效电路

1. 铅酸蓄电池电化学特性

铅酸蓄电池是用铅和二氧化铅作为负极和正极的活性物质，以硫酸作为电解液的电池。铅蓄电池具有化学能和电能转换效率高，充放电循环次数多，端电压高，容量大的特点。随着技术工艺水平的提高，铅蓄电池的寿命也在不断增长。

铅酸电池释放化学能放电的过程是负极进行氧化，正极进行还原的过程。电池补充化学能充电的过程则是负极进行还原，正极进行氧化的过程。

铅酸蓄电池的阳极使用二氧化铅（PbO_2），阴极用铅，电解液为 27% ~ 37% 的硫酸（H_2SO_4）水溶液（15℃时比重为 1.2 ~ 1.3g/cm^3）。充电、放电时的电化学反应为

$$PbO_2 + 2H_2SO_4 + Pb \underset{充}{\overset{放}{\rightleftharpoons}} PbSO_4 + 2H_2O + P_bSO_4 \tag{7-5}$$

从上面化学反应式可知，放电时硫酸被消耗生成硫酸铅（附在电极上）和水，使电解液浓度降低，比重减小。而充电时，过程相反，电解液硫酸浓度提高，比重增大，故可以通过测量电解液比重来判断蓄电池储电的多少。

在充电过程中，除蓄电池内的电化学反应释放热量外，充电电流流过蓄电池的内阻时也产生热量，蓄电池的温度因此升高。蓄电池充电电流越大，温升越高，就是这个缘故。充电时还伴随着一个很难避免的副反应，就是水被电解生成氢气和氧气。特别是充电后期，电压升高了，电能主要消耗在电解水方面，而且对极板活性物质很不利。因此在充电过程中要对蓄电池进行过充电保护。

随着新技术新工艺的不断发展，近年来出现了免维护铅酸蓄电池，液密式铅酸电池，阀控密封式铅酸电池。铅酸蓄电池的寿命一般为 2 ~ 6 年。

2. 铅酸蓄电池的结构

铅酸蓄电池的结构如图 7-22 所示，主要构成部件有电池壳、极板及隔膜（板），其中充有电解液。

1）极板。极板用铅镍合金制成栅架做基板。阳极（正极）涂有二氧化铅，阴极（负极）则充以海绵状铅。为提高电流强度，在一个隔槽中常以多块同极性极板并接；为提高端电压，常根据需要由多个隔槽串接成为一个蓄电池（单隔槽电压约为 2V）。

2）电解液。液体铅酸电池的极板就放在电解液中，这种电池需水平放置使用。电解液还可以被吸附在超细玻璃纤维隔板中、二氧化硅颗粒中或凝胶中，这类蓄电池倒置也不致漏液，但价格较贵，一般为常规铅酸蓄电池的 2 ~ 3 倍。

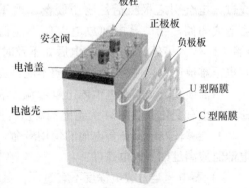

图 7-22　铅酸蓄电池结构图

3）隔板。为防止电极间短路，在阳极和阴极间常放置隔板，隔板常用木质、微孔橡胶或超细玻璃纤维等制成。

3. 蓄电池的工作特性

（1）蓄电池的容量　蓄电池的容量是指其存储电荷的能力，使用中以其在一定条件下（如放电电流）放电至终止电压的电流与时间的乘积来表示。

$$Q = I \cdot T \text{Ah} \tag{7-6}$$

使用中影响蓄电池容量的因素主要有：

1）放电电流。放电电流越大，活性物质的利用率越低，因而容量就越小。由于电池有内阻，放电电流越大，其端电压也越低，而且下降得快。

2）电解液温度。温度较高时，电解液中离子运动速度加快，渗透能力增强，电池内阻减小，电化学反应加快，因而电池容量增加。

一般以 $25℃$ 温度条件下，以恒定电流 I 放电 10h 使蓄电池电压降至终止电压时的电流 I 乘以时间（10h）表示该蓄电池容量。

（2）电池的寿命　蓄电池的寿命是指其能正常使用的时间。在工程上，当蓄电池实际容量低于其额定容量80%时，该蓄电池就不能正常使用了，就认为失效了。对蓄电池寿命的评价，依使用用途及方法的不同，有不同的评价和表示方法。通常用"充放循环寿命"或"使用期限"进行评价。"充放循环寿命"表示可使用的充放电循环次数，"使用期限"表示至失效时的使用时间。

放电深度是指蓄电池放电量与额定容量的比值。蓄电池使用寿命与蓄电池放电深度有密切的关系，如图 7-23 所示。

影响蓄电池寿命的因素很多，有结构加工制作工艺的影响，也有使用环境、方法的影响。就使用方法而言，放电深度和充放电电流大小都会影响寿命。经常深度放电，对电池的循环使用寿命有较大的影响，将缩短循环使用寿命。经常使用大电流充放电也会降低蓄电池的使用寿命。因为大电流充放电或过充电会引起极板活性物质脱落，严重时会造成短路。铅酸蓄电池放电电压不能低于

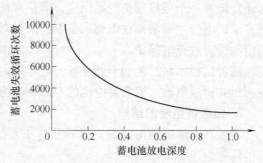

图 7-23　蓄电池使用寿命与放电深度关系

$1.4 \sim 1.8V$。另外，蓄电池放电后如不及时补充充电，则小颗粒硫酸铅会逐渐变大，再充时也很难被还原，使极板活性物质不能被充分利用，实际容量会逐渐减小，以致失效。

由前面知道，当蓄电池内电解液温度在 $10 \sim 35℃$ 变化时，其容量也变化，蓄电池的寿命相应也有变化。图 7-24 为蓄电池温度与寿命的关系。由图 7-24 可以看出，环境温度在 10 $\sim 25℃$ 能够较好的保证蓄电池的使用寿命。为充分保护蓄电池，延长其使用寿命，在使用蓄电池时应满足如下放电条件：

1）蓄电池当月放电深度不宜过深，蓄电池容量容易恢复。

2）蓄电池最长连续亏电期应限制在 2 个月以内。若蓄电池连续亏电超过 2 个月，即使对过充、过放有较强抵抗能力的镉-镍蓄电池也会损害其使用寿命。

随着放电的深度的增大，蓄电池电压下降速度会不断增加。当电压下降到一定值后会急速降低，这表明蓄电池接近终止放电状态，当达到终止电压，蓄电池应终止放电。终止电压视负载需要而定。

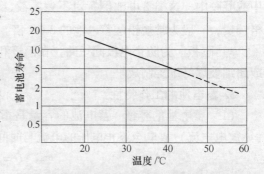

4. 蓄电池的工作状态

蓄电池有三种主要的工作状态，即放电状

图 7-24　蓄电池寿命与温度关系

态、充电状态和浮充状态。处于放电状态时，蓄电池将储存的化学能转化为电能供给负载；充电状态是在蓄电池放电之后进行能量储存的状态，此时电能转化为化学能存储起来；浮充状态则是蓄电池维持一定化学能存储量所要保持的工作状态，浮充状态下的蓄电池的储能不会因为自放电而损失。放电、充电、浮充三个状态构成蓄电池的一个完整的工作循环。图7-25 描述了铅酸蓄电池在一个典型的工作循环中，电池的工作电压、工作电流以及电池温度的变化情况。

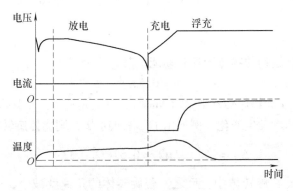

图 7-25　蓄电池循环工作状态

　　开始时满荷状态的蓄电池以恒定的电流进行放电，开始放电时，蓄电池电压陡降，而后电压回升，到一定电压后，随着继续放电，蓄电池的电压也继续降低。这个过程是一个复杂的过程，它受一系列放电工作条件的影响，其中包括放电率、环境温度和蓄电池初始荷电状态，同时也与蓄电池的类型有关。随着放电的深入，蓄电池电压下降速度会不断增加。当电压下降到一定值后会急速降低，这表明蓄电池接近终止放电状态。

　　蓄电池达到终止电压后，负载断开，此时蓄电池电压明显回升。此时若外加一个大于蓄电池开路电压的电源，蓄电池便进入充电状态。图中充电电流标示为负值表示与放电电流相反。充电过程开始以恒定的电流给蓄电池充电，此时蓄电池电压会逐渐升高，待到电压升到浮充电压，充电电流按照指数规律递减，直到蓄电池充足。

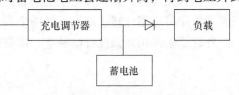

　　蓄电池的温度在进入充电状态后开始明显升高，以后随充电电流的减小而逐步降低，温升程度与充电电流及蓄电池本身的散热能力有关，一般情况下会有 5～10℃ 的温升。

图 7-26　蓄电池充电调节示意图

　　为避免过度充电造成电极加速老化，需要有充电调节器，如图 7-26 所示。调节方式可以是单冲电速率（即要么接触，要么关断）、多充电速率（先以全充电速率充电至容量的（80～90）%，然后逐步减小充电电流。当充满电后，维持一个很小的电流，以抵消蓄电池自放电，保持满充电状态）。

　　在有些情况下，也可以不用充电调节器。例如，在光伏发电系统中，根据蓄电池组设计专用的太阳能组件对其充电，便不可能产生过充电（例如，对 12V 的铅酸蓄电池组件，光伏组件的最高电压设计为不超过 15V）。

7.4.2　抽水蓄能

在有条件的地区，可以用风力发电的电能驱动水泵，把低处河流中的水抽到山顶（高地）的水库中，这就把暂时用不到的风能转化成水的势能储存起来了。当无风时，可以用水库中的水来发电供电，把水的势能变成动能，推动水轮发电机组，风能又变成电能。这是目前较大规模储存电能的一种常用方式。从目前技术情况看，其效率大约在（70～75）%左右，即用100kW·h的风电抽水，再用水库中的水大约能发出70～75kW·h电。

7.4.3　飞轮储能

众所周知，做旋转运动的物体皆具有动能，其计算公式为

$$A = 0.5J\Omega^2 \tag{7-7}$$

式中，A 为物体动能；J 为物体转动惯量（Nms^2）；Ω 为角速度（rad/s）。

若旋转物体的角速度发生变化，例如由 Ω_1 增加到 Ω_2，则物体旋转动能的增加为

$$\Delta A = J\int_{\Omega_1}^{\Omega_2} \Omega d\Omega = 0.5J(\Omega_2^2 - \Omega_1^2) \tag{7-8}$$

这部分增加的动能存储在旋转体中，反之，若旋转体的角速度减小，则这部分动能释放出来。

根据动力学原理，旋转物体的转动惯量 J 与旋转物体的重量及旋转部分的惯性直径有关，即

$$J = \frac{GD^2}{4g} \tag{7-9}$$

式中，G 为旋转体的重量（N）；D 为旋转体的惯性直径（m）；g 为重力加速度，$g = 9.81 \text{m/s}^2$。

由此可知，要使物体具有大的转动动能，则一般有三种方法：增大旋转体的质量；增大质量对转轴的距离；提高转动角速度。

根据有关资料，大型飞轮系统的总体转换效率可达到90%左右。为增大飞轮转动惯量，飞轮多采用薄边型外转子结构，如图7-27所示。

外转子多采用高强度纤维制造，由磁轴承支撑在真空中，如图7-28所示。

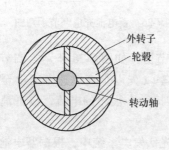

图7-27　外转子飞轮结构面示意图

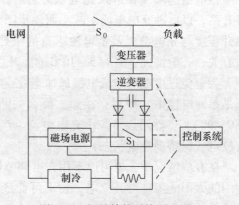

图7-28　超导储能系统原理图

7.4.4 超导储能

在一个电感为 L，电流为 I 的线圈中，其磁场储能为

$$E = \frac{1}{2} L I^2 \tag{7-10}$$

线圈绕组两端电压 V 与电流和线圈内阻的关系为

$$V = RI + L \frac{\mathrm{d}I}{\mathrm{d}t} \tag{7-11}$$

线圈的电阻 R 与温度有关。由于有些导体在某个临界温度时，其电阻会急剧下降，甚至降为零。此时的状态叫超导现象。如果是稳态储能，则 $\mathrm{d}I/\mathrm{d}t = 0$，即无需电压来驱动绕组中的电流，电流在短路的绕组中持续流动，能量被稳定地储存在绕组磁场中。利用这个原理，可以设计如图 7-28 所示构成超导储能系统。

当绕组中充满电流时，调节装置令开关 S_1 闭合，超导磁场储能。当调节装置检测到电网电压下降时，说明电网不能满足负载用电要求。此时，调节装置令开关 S_1 断开，绕组向电容器 C 充电，并经逆变装置向负载（电网）供电。当供电电压升高，开关 S_1 闭合，向绕组充电储蓄电能。

研究表明，随着高温超导材料的发现，超导临界温度已经达 100K 左右，可用液态氮制冷，所需制冷功率可大大减小。超导储能的总体转换效率可达 95% 左右，并可以在短时间内提供较高功率。由于没有运动部件，故其寿命更长。

7.4.5 其他储能方式

用风力发电提供的多余电能来电解水制氢和氧，并把氢、氧储存起来，需要时用氢和氧在燃料电池中发电，以起到储存电能的目的。这种方法是一种高效、清洁、无污染的储能方法，但目前技术和材料上还存在一些问题，如大型燃料电池的研制及高压大容量储氢装置的材料性能等问题。

除此之外，人们也在研究用机组直接制热（不发电）储热或大范围内风电机组联网，以减小局部地区风力波动对供电稳定影响的所谓并网"储能"方式（平衡风资源）。

随着智能电网的逐步建立，利用网上用户储能，也是一种有效平衡风电波动的方式。

思 考 题

1. 简述离网风力发电系统的应用范围。
2. 简述微小型离网风力发电系统的发电机主要类型。
3. 简述风光互补发电系统的特点。
4. 简述风力-柴油联合发电系统的结构组成。

附录 风力发电名词术语汉英对照

annual average wind speed	年平均风速
acoustic reference wind speed	声的基准风速
active yawing	主动偏航
aerodynamic chatacteristics of rotor	风轮空气动力特性
aerodynamic chord of airfoil	气动弦线
air braking system	空气制动系
airfoil	翼型
angle of attack of blade	叶片几何攻角
annual energy production	年发电量
apparent sound power level	视在声功率级
aspect ratio	叶片展弦比
asynchrinous generator	异步发电机
auxiliary device	辅助装置
availability	可利用率
average noise level	平均噪声
blade	叶片
blade losses	叶片损失
blocking	锁定
brake	制动器
brake disc	制动盘
brake fluid	制动油
brake lining	制动衬片
brake mechanism	制动机构
brake pad	制动垫
brake setting	制动器闭合
braking	制动系统
braking releasing	制动器释放
cage	笼型
catastrophic failure	严重故障
collector ring	集电环
commutator	换向器
commutator segment	换向片
complex terrain	复杂地形带
constant chord blade	等截面叶片

control system	控制系统
cost per kilowatt hour of the electricity generated by WTGS	度电成本
curvature function of airfoil	弯度函数
cut-in speed	切入风速
cut-out speed	切出风速
data set for power performance measurement	数据组功率特性测试
degree of curvature	弯度
design limits	设计极限
design situation	设计和安全参数
directivity	指向性
distance constant	距离常数
diurnal variations	日变化
down wind	下风向
drag coefficient	阻力系数
drain	泻油
efficiency of WTGS	机组效率
electromagnetic braking system	电磁制动系
emergency braking system	紧急制动系
emergercy shutdown for wind turbine	紧急关机
setting pressure	设定压力
excitation response	励磁响应
external conditions	外部条件
extrapolated power curve	外推功率曲线
extreme wind speed	极端风速
feathering	顺浆
flow distortion	气流畸变
flutter	颤振
free stand tower	独立式塔架
free stream wind speed	自由流风速
gearbox	齿轮箱
gear motor	齿轮马达
gear pump	齿轮泵
geometric chord of airfoil	几何弦长
grazing angle	掠射角
gust	阵风
guyed tower	拉索式塔架
horizontal axis wind turbine	水平轴风力机
hub (for wind turbine)	轮毂（风力机）
hub height	轮毂高度

hydraulic braking system	液压制动系
hydraulic cylinder	液压缸
hydraulic filter	液压过滤器
hydraulic fluid	液压油
hydraulic motor	液压马达
hydraulic pump	液压泵
hydraulic system	液压系统
idling	空转
induction generator	感应发电机
inertial sub-range	湍流惯性负区
influence by the tower shadow	塔影响效应
interconnection	互联
latent fault；dormant failure	潜伏故障
leading edge	前缘
length of blade	叶片长度
lift coefficient	升力系数
limit state	极限状态
load case	载荷状况
logarithmic wind shear law	对数风切变律
maximum power	最大功率
maximum torque coefficient	最大力矩系数
maximum turning speed of rotor	风轮最高转速
mean geometric of airfoil	平均几何弦长
mean line	中弧线
mean wind speed	平均风速
measured power curve	测量功率曲线
measurement period	测量周期
measurement power curve	测量功率曲线
measurement sector	测量扇区
mechanical braking system	机械制动系
method of bins	比恩法
nacelle	机舱
net electric power output	静电功率输出
network connection point	电网连接点
normal braking system	正常制动系
normal shutdown for wind turbine	正常关机
nose cone	整流罩
numble of blades	叶片数
obstacles	障碍物

oil cooler	油冷却器
oil seal	油封
orientation mechanism	迎风机构
output characteristic of WTGS	风力发电机组输出特性
parking	停机
parking brake	停机制动
passive yawing	被动偏航
pitch angle	桨距角
power coefficient	功率系数
power collection system	电力汇集系统
power law for wind shear	风切变幂律
power performance	功率特性
pressure control valve	压力控制阀
pressure gauge	压力表
pressure switch	压力开关
projected area of blade	叶片投影面积
protection system	保护系统
rated power	额定功率
rated tip-speed ratio	额定叶尖速度比
rated torque coefficient	额定力矩系数
rated turning speed of rotor	风轮额定转速
rated wind speed	额定风速
ratio of over load	过载度
ratio of tip-section chord to root-section chord	叶片根梢比
RayLeigh distribution	瑞利分布
reducing valve	减压阀
reference distance	基准距离
reference height	基准高度
reference roughness length	基准粗糙长度
reference wind speed	参考风速
regulating characteristics	调节特性
regulating mechamism	调速机构
regulating mechanism by adjusting the pitch of blade	变桨距调速机构
regulating mechanism of turning wind rotor out of the wind sideward	风轮偏测式调速机构
relative thickness of airfoil	翼型相对厚度
relief valve	溢流阀
root of blade	叶根
rotating union	旋转接头
rotationally sampled wind velocity	旋转采样风矢量

rotor diameter	风轮直径
rotor power coefficient	风能利用系数
rotor solidity	风轮实度
rotor speed	风轮转速
rotor swept area	风轮扫掠面积
rotor wake	风轮尾流
roughness length	粗糙长度
safe life	安全寿命
safety valve	安全阀
service life	使用寿命
serviceability limit states	使用极限状态
setting angle of blade	叶片安装角
shutdown for wind turbine	关机
site electrical facilities	现场电器设备
sliding shoes	滑动制动器
slip	转差率
solenoid	电磁阀
solidity losses	实度损失
sound pressure level	声压级
spoiling flap	阻尼板
standard uncertainty	标准误差
standardized wind speed	标准风速
standstill	静止
starting torque coefficient	起动力矩系数
support structure for wind turbine	支撑结构
survival wind speed	安全风速
swept area	扫掠面积
switching	切换
synchronous generator	同步电机
tailing edge	后缘
test site	试验场地
the family of airfoil	翼型族
thickness function of airfoil	厚度函数
thickness of airfoil	翼型厚度
thrust coefficient	推或拉力系数
tilt angle of rotor shaft	风轮仰角
tip losses	叶尖损失
tip of blade	叶尖
tip speed	叶尖速度

tip-speed ratio	叶尖速度比
tonality	音值
torque coefficient	力矩系数
tower	塔架
transient rotor	瞬态电流
turbulence intensity	湍流强度
turbulence scale parameter	湍流尺度参数
twist of blade	叶片扭角
ultimate limit state	最大极限状态
uncertainty in measurement	测量误差
untwist	解缆
up wind	上风向
variable chord blade	变截面叶片
vertical axis wind turbine	垂直轴风力机
wake losses	尾流损失
Weibull distribution	威布尔分布
sound level	声级
weighted sound pressure level	计权声级
wind break	风障
wind profile	风廓线
wind rotor	风轮
wind shear	风切变
wind shear exponent	风切变指数
wind shear law	风切变律
wind speed	风速
wind speed distribution	风速分布
wind turbine	风力机
wind turbine generator system（WTGS）	风力发电机组
wind velocity	风矢量
winding factor	绕组系数
wound rotor	绕线转子
yaw system	偏航系统
yawing	偏航
yawing angle of rotor shaft	风轮偏航角
yawing driven	偏航驱动

参 考 文 献

[1] D 勒·古里雷斯. 风力机的理论与设计 [M]. 北京：机械工业出版社，1987.

[2] 史仪凯. 异步电机发电原理及其应用 [M]. 西安：西北工业大学出版社，1994.

[3] Gary L Johnson. Wind Energy Systems. Electronic Edition. [M/OL] Manhattan, 2001.

[4] Tony Burton. Wind Energy Handbook [M]. New York：JOHN WILEY & SONS, LTD. 2001.

[5] 王耀先. 复合材料结构设计 [M]. 北京：化学工业出版社，2001.

[6] 于智勇，季秉厚. 小型风力发电机 [M]. 北京：中国环境科学出版社，2002.

[7] J F Manwell, J G McGowan. Wind Energy Explained [M]. New York：JOHN WLEY & SONS, LTD, 2002.

[8] 王承煦，张源. 风力发电 [M]. 北京：中国电力出版社，2003.

[9] 刘雄亚，晏石林. 复合材料制品设计及应用 [M]. 北京：化学工业出版社，2003.

[10] American National Standard. ANSI/ AGMA/ AWEA 6006-A03 Standard for Design and Specification of Gearbox for Wind Turbines [S]. 2004.

[11] ISO 81400-4：2005. Wind Turbines-Part 4：Design and specification of gearbox [S]. 2004.

[12] 宫靖远. 风电场工程技术手册 [M]. 北京：机械工业出版社，2004.

[13] 熊礼俭，等. 风力发电新技术与发电工程设计、运行、维护及标准规范实用手册 [M]. 北京：中国科学文化出版社，2005.

[14] 王承煦，张源. 风力发电 [M]. 北京：中国电力出版社，2005.

[15] 国际电工委员会标准. IEC61400-1 风力发电系统-1：设计要求 [S]. 2005.

[16] 谢震. 变速恒频双馈风力发电模拟平台的研究 [D]. 合肥：合肥工业大学，2005.

[17] 邹旭东. 变速恒频交流励磁双馈风力发电系统及其控制技术研究 [D]. 武汉：华中科技大学，2005.

[18] 全国风力机机械标准化技术委员会. 风力机械标准汇编 [S]. 北京：中国标准出版社，2006.

[19] 孙旭东，王善铭. 电机学 [M]. 北京：清华大学出版社，2006.

[20] 中国气象局. 中国风能资源评价报告 [R]. 2006.

[21] Erich Hau. Wind Turbines [M]. 2nded. Berlin：Springer-Verlag, 2006.

[22] 贺德馨，等. 风工程与空气动力学 [M]. 北京：国防工业出版社，2006.

[23] 叶杭冶. 风力发电机组的控制技术 [M]. 2 版. 北京：机械工业出版社，2006.

[24] 郭新生. 风能利用技术 [M]. 北京：化学工业出版社，2007.

[25] 薛玉石，韩力，李辉. 直驱永磁同步风力发电机组研究现状与发展前景 [J]. 电机与控制应用，2008，35 (4)：1-5.

[26] 中国船级社. 风力发电机组规范 [S]. 北京：人民交通出版社，2008.

[27] 姚兴佳，宋俊. 风力发电机组原理与应用 [M]. 北京：机械工业出版社，2009.

[28] 任清晨. 风力发电机组工作原理和技术基础 [M]. 北京：机械工业出版社，2010.

[29] 芮晓明，柳亦兵，马志勇. 风力发电机组设计 [M]. 北京：机械工业出版社，2010.

[30] 华锐风电科技有限公司. SL1500 机组工厂培训教材. 2006.